问，就对了！

用提问掌控人生主动权

任康磊◎著

人民邮电出版社
北京

图书在版编目（CIP）数据

问，就对了！ : 用提问掌控人生主动权 / 任康磊著
. -- 北京 : 人民邮电出版社, 2022.11(2023.9重印)
ISBN 978-7-115-59435-8

Ⅰ. ①问… Ⅱ. ①任… Ⅲ. ①提问－言语交往－通俗读物 Ⅳ. ①B842.5-49

中国版本图书馆CIP数据核字(2022)第103567号

内容提要

答案是从问题那里来的，问题的质量决定着答案的质量。很多时候，如果你感觉迷茫无措，问，就对了！

不仅能够增进沟通、传达善意、获取更多信息，提问更是掌握人生主动权的重要方式。本书共8章，融实际案例、有效方法、行动指南于一体。图书以漫画图解的方式讲述了如何问出有效的问题，如何通过提问引发思考、激励行动、获得知识、解决问题、表达质疑以及向上管理等。除此之外，本书还对如何在求职面试、人才选拔、表达善意、促成合作等7类场景中进行高质量提问做出了特别解答，适合学生、职场人士等大众读者阅读。

◆ 著　　　　任康磊
　责任编辑　徐竞然
　责任印制　周昇亮

◆ 人民邮电出版社出版发行　　北京市丰台区成寿寺路11号
　邮编　100164　　电子邮件　315@ptpress.com.cn
　网址　https://www.ptpress.com.cn
　固安县铭成印刷有限公司印刷

◆ 开本：700×1000　1/16
　印张：14.75　　　　2022年11月第1版
　字数：172千字　　　2023年9月河北第3次印刷

定价：69.80元

读者服务热线：(010)81055296　印装质量热线：(010)81055316
反盗版热线：(010)81055315
广告经营许可证：京东市监广登字20170147号

前言

开始做管理咨询后，经常有人问我类似“怎么做绩效管理”“如何设计薪酬体系”“如何激励员工”“如何让公司的文化落地”这样的问题。

这类问题常常让我不知所措，答也不是，不答也不是。不是因为我解决不了这类问题，实际上，我的管理咨询公司和团队就是专业解决这类问题的，而是因为我没办法直接回答这类问题。

这类问题就像是问一位育儿专家“如何把孩子养育好”，就像是问一名健身教练“如何让自己的身体变得强壮”，就像是问一名医生“如何治好疾病”，就像是问一名律师“如何赢得官司”……这只是表达了疑问，却并不是“有效”的问题。

这类问题为什么无效呢？

因为泛泛的问题只会得到泛泛的回答，很难对那个真正待解决的具体问题有帮助。

例如“如何把孩子养育好”这个问题。

（1）这个问题针对的对象不具体。不同的孩子对应着不同的教养方式和沟通方式。问题中的“孩子”具体指的是什么样的孩子呢？是几岁的孩子？男孩还是女孩？这个孩子有什么样的性格特质？

（2）这个问题的评价标准不具体。“好”是一个抽象的形容词，意义不明确。问题中的“好”如何定义？提问者期望的“养育好”具体是一种什么状态？提出这个问题是因为孩子当前“不好”吗？孩子当前的主要问题是什么？

（3）这个问题的诉求也不具体。为什么要提出这个问题？问题背后的动机和诉求具体是什么？期望通过这个问题得到什么？期望获得什么样的知识、方法或案例？期望对方从哪些角度回答这个问题？

另外，这个问题涉及沟通。沟通是双向的，除孩子之外，这个问题中其实还暗含着提问者自己。难道全部问题都源自孩子，提问者自己就没问题吗？也许不是。

如果提问者自己也有问题，那么在当前的问题中，自己应当负什么责任呢？自己平时与孩子的沟通情况如何呢？自己有没有做得不到位的地方呢？如何改正呢？

假如提出这个问题的人家里有个 8 岁的小男孩，不仅淘气，经常给家里惹祸，而且挑食，总浪费粮食。造成这种状况的原因可能是孩子在成长过程中，家长总惯着孩子，现在与孩子的沟通出了问题。孩子从小养尊处优，养成了不少坏习惯。

这时候，针对这个具体状况，有效的问题也许应当有两类。

一类是针对提问者自己的问题。

（1）关于正确教养 8 岁男孩，自己应该学习哪些知识？

（2）自己应该掌握哪些与 8 岁男孩进行沟通的技巧？

（3）未来如何约束自己，尽量避免自己对孩子过于溺爱？

另一类是针对孩子的问题。

（1）针对当前状况，如何帮助一个 8 岁的男孩改掉淘气的坏习惯？

（2）如何解决当前这个 8 岁男孩的挑食问题？

（3）如何引导这个 8 岁男孩养成某些好习惯？

你看，针对一个具体情况分析后产生的问题，就比简单地问“如何把孩子养育好”更有针对性，也更有可能得到具备可行性的答案。

为什么人们会问出“如何把孩子养育好”这样无效的问题呢？

因为人们期望直接得到心中想象出来的某种结果。例如张三期望学习成绩提高，可能就会直接问“如何使学习成绩提高”；李四期望短跑比赛夺冠，可能就会直接问“如何跑得快”；王五期望找个女朋友，可能就会直接问“如何找到女朋友”。

从前面的案例能够看出，直接对期望达到的结果做抽象的和泛泛的提问显然是无效的。要达成期望的结果，往往需要一整套解决方案，而非一个简单的答案。

有效的问题往往需要具体问题具体分析，要有背景、有条件、有框架、有设定、有针对性地提问。

提问是一种沟通方式，是挖掘信息的一种手段。问题的质量决定了答案的质量，决定了一场沟通信息交互的质量。

与客户探讨问题时，高质量的问题可以挖掘客户需求，发掘真问题，从而达成交易或促成深度合作。

向专家请教问题时，高质量的提问更有针对性，能让自己挖掘出更多期望得到的知识、方法论和注意事项。

上级与下级沟通时，高质量的提问可以激发下级的工作积极性，促进下级成长，提高下级的工作效率和绩效水平。

平级之间沟通时，高质量的提问可以传达关怀，让对方感受到自己的善意，建立和促进良性的沟通环境。

下级与上级沟通时，高质量的提问有助于下级了解工作的全貌、掌握方法、争取资源、拿到授权，让上级认可自己的工作。

另外，养成提问的习惯，还有助于建立批判性思维，让自己保持独立思考，而不是趋炎附势、随波逐流、人云亦云。

然而，在日常的生活和工作中，存在大量无效的问题，从而引发很多无效的沟通，浪费大量的沟通时间。

答案是从问题那里得出的，高质量答案存在的前提是要有一个高质量的问题。基于如何提出高质量的问题这个话题，我结合自身经验，针对不同场景，总结与提问相关的工具和方法论，形成本书。

本书主要通过我与坤兰公司一位部门主管王永安的对话，详细解析了提出好问题的方法、工具和应用注意事项。

为便于读者快速阅读、理解、记忆并应用，本书对问题场景、实用工具的介绍和对工作相关的应用解析全部采用图解的形式呈现。

祝读者朋友们能够学以致用，更好地学习和工作。

本书若有不足之处，欢迎读者朋友们批评指正。

本书特色

1. 通俗易懂，上手迅速

本书采取图解的形式，通过对工具和方法的解构，保证读者能够看得懂、学得会、用得上，让读者以最快的速度掌握提出高质量问题的方法。

2. 内容丰富，实操性强

本书包含日常提问能够用到的各类工具和方法，将这些工具和方法图形化、可视化、流程化、步骤化，且注明实战中的注意事项，让读者一目了然。

3. 立足实践，解析详尽

本书以提问的各类实际场景为背景，通过实际问题引出实战工具，通过对实战工具的充分解析，让读者不仅知其然，更知其所以然。

任康磊

本书背景

1
任老师，我有很多问题想请教您。
坤兰公司某部门主管
王永安
2
请教谈不上，如果我能帮到你，愿意效劳。你有任何问题尽管问。
本书作者
任康磊
3
我怎么能让自己变得更好呢？
4
那个……不是我不想回答你。恕我直言，你的这个问题属于无效的问题……
5
啊？“无效的问题”是什么意思？怎么我刚开始问，您就解答不了？您不是让我随便问吗？
6
随便问不是指可以提随便的问题，你只有问出有效的问题，别人才有可能给出有效的回答。

背景介绍

要想有效地学习，有效地思考，有效地解决问题，首先要会提有效的问题。合时宜地提出有效的问题，是有效沟通的开始。本书以坤兰公司某部门主管王永安与本书作者任康磊之间的对话为背景，系统地介绍如何问出好问题。

目录

01

精准提问：如何问出有效的问题

本章背景

1
您刚才为什么说我问的问题无效呢？
2
因为你这个问题让回答者无从回答，不知从何说起，这种问题就是无效的。
3
怎么区分有效的问题和无效的问题呢？
4
问题问出来后，能明确指向预期效果的，就是有效的问题；不能明确指向预期效果的，就是无效的问题。
5
如何避免自己问出无效的问题呢？
6
不要拍脑袋提问题，不要不假思索地提问题。提出问题前，可以先跳出自己的立场，站在对方的立场思考，看是否能指向预期的效果。

背景介绍

在“有效的问题”中，最重要的关键词不是“问题”，而是“有效”。提问并不难，能张口说话就能提问，难的是如何让提出的问题直击要害。只有问出有效的问题，才能达到提问的目的，达到预期的效果。

1.1 6 类目的：提问能用来做什么

问题场景

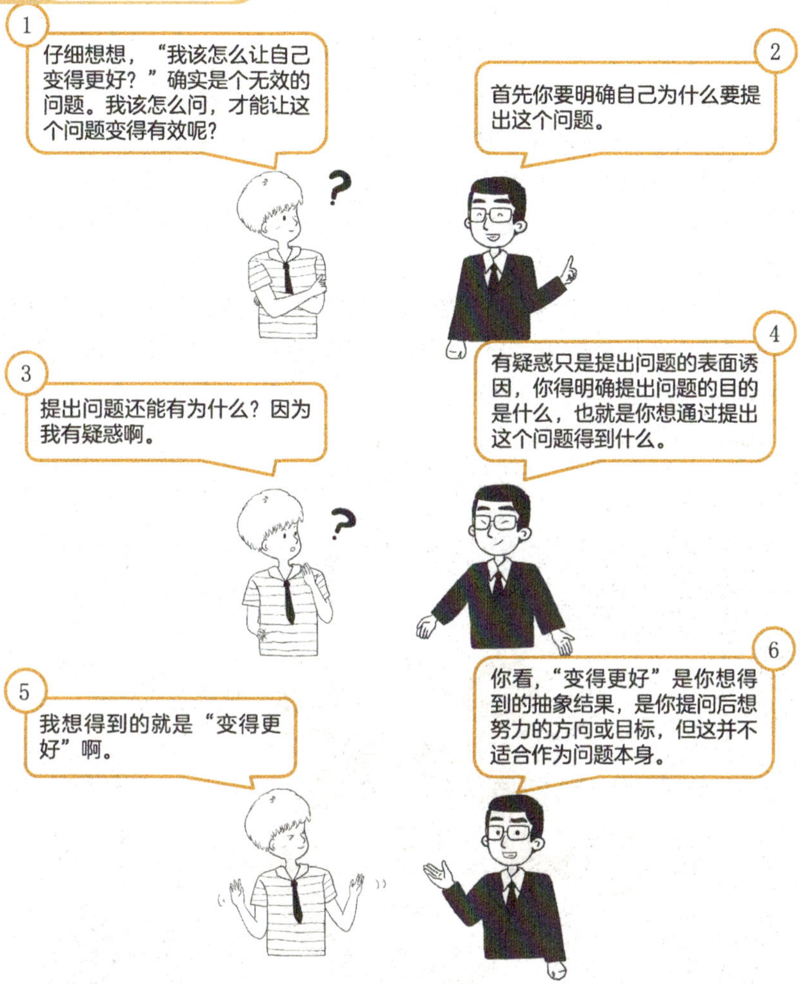
1
仔细想想，“我该怎么让自己变得更好？”确实是个无效的问题。我该怎么问，才能让这个问题变得有效呢？
2
首先你要明确自己为什么要提出这个问题。
3
提出问题还能有为什么？因为我有疑惑啊。
4
有疑惑只是提出问题的表面诱因，你得明确提出问题的目的是什么，也就是你想通过提出这个问题得到什么。
5
我想得到的就是“变得更好”啊。
6
你看，“变得更好”是你想得到的抽象结果，是你提问后想努力的方向或目标，但这并不适合作为问题本身。

问题拆解

明确为什么提问即明确期望达成的目的，提问是达成目的的手段。很多时候，直接把目的作为问题往往会过于宏观，造成问题无效。例如“我怎么能考上清华大学？”最简单的回答是“去参加高考”，但得到这个答案显然不是提出这个问题的初衷，与其这么问，不如问“我语文成绩中等，想提高语文成绩，有哪些方法呢？”

工具与方法

工具介绍

6 类常见的提问目的

有效的沟通一定是有目的的，提问也是如此。有效的提问必然指向某种明确的目的。常见的提问目的有 6 类，分别是引导思考、激励行动、获得知识、解决问题、表达质疑和向上管理。

要问出有效的问题，首先要明确自己提问的目的，根据预期目的来设计提出的问题。

提问时需注意，除非在提问的同时就给出充足的相关信息，目的本身通常并不适合作为问题直接提出。本书第 2~7 章的内容，正是根据常见的 6 类提问目的对应不同场景分别编写的。

6 类常见的提问目的详解

人的思维容易被问题支配而引发思考，所以可以用提问来引导对方的思维。尤其对于那些对方不常思考的问题和直击灵魂的问题，引导的效果更加显著。有时候，一个好的问题本身就是答案。

提问可以帮助人们发现不足，引发改变的动力；提问也可以帮助人们查找机会点或突破口，找到行动的路径。

提问还可以用在向上管理的各类场景中。向上级提出有效的问题，是上下级沟通的应备技能。

很多人错误地认为只要提问了，就能获得知识。实际上，如果提出的不是有效问题，往往达不到获得知识的目的。

权威的观点一定对吗？专家的方法一定好吗？有没有更适合自己的呢？质疑源于问题，本质上也是一种提出好问题的能力。善于提问，有助于养成批判性思维。

提问可以解决问题，解决问题的基本步骤是明确问题、制定策略、落实行动和评估结果，这里的每一步，都可以通过提问来落实。

应用解析

提出问题前的 8 步检查

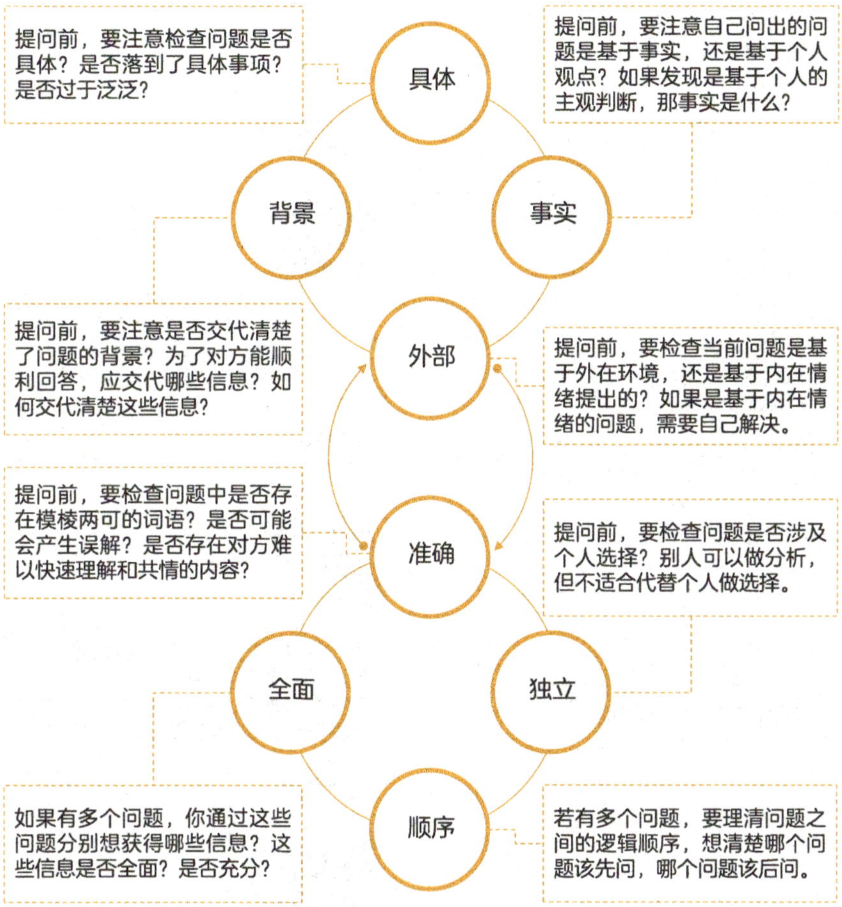
具体
提问前，要注意检查问题是否具体？是否落到了具体事项？是否过于泛泛？
事实
提问前，要注意自己问出的问题是基于事实，还是基于个人观点？如果发现是基于个人的主观判断，那事实是什么？
背景
提问前，要注意是否交代清楚了问题的背景？为了对方能顺利回答，应交代哪些信息？如何交代清楚这些信息？
外部
提问前，要检查当前问题是基于外在环境，还是基于内在情绪提出的？如果是基于内在情绪的问题，需要自己解决。
准确
提问前，要检查问题中是否存在模棱两可的词语？是否可能会产生误解？是否存在对方难以快速理解和共情的内容？
独立
提问前，要检查问题是否涉及个人选择？别人可以做分析，但不适合代替个人做选择。
全面
如果有多个问题，你通过这些问题分别想获得哪些信息？这些信息是否全面？是否充分？
顺序
若有多个问题，要理清问题之间的逻辑顺序，想清楚哪个问题该先问，哪个问题该后问。

小贴士

不要一拍脑袋想起什么就问什么，否则很可能损耗彼此的关系。好的提问需要策划、需要准备。提问前，首先要明确提问的目的。先搞清楚自己是基于什么诉求提出这个问题，问出这个问题能让自己得到什么，然后再实施提出问题前的 8 步检查。

1.2 4个价值：提问能有哪些好处

问题场景

1
我发现自己真的不会提问，以后还是少问问题吧。
2
你的问题不是出在提问本身，而是出在不会提问上。提问是一项技能，是每个人都必须掌握的。
3
为什么这么说呢？
4
很多时候，用提问来沟通，比直接表述效果更好。
5
提问还可以用于沟通？
6
当然可以，例如在与下级沟通时，当发现下级有做得不到位的地方，与其直接指责，不如用提问来发掘更多信息，发现自己没想到的维度。

问题拆解

很多人习惯于输出观点，急于向别人表达自己的看法，却不愿意通过提出问题来了解别人的想法或询问自己未知的信息。提问是和外部世界交互的有效方式。很多时候，把陈述句或感叹句换成疑问句后，心中的疑惑或疙瘩就解开了，一切便会豁然开朗。

工具与方法

工具介绍

提问的价值

提问是一种效率很高的沟通方式。不善于提问的人，可能会活得越来越封闭、越来越自我。通过提问，可以发掘事物真相，改善人际关系，促进个人成长，激发创新意识。养成提问的习惯，能让自己受益终身。

提问带来的 4 个价值

提问可以是一种请教，通过请对方解答自己的疑问，让对方感觉自己被重视，不论是向上管理还是向下管理，都能拉近彼此间的关系。

提问可以发掘表象背后的本质，发现问题背后的核心。当事实不清、意义不明时，提问可以找出真相。

提问可以打破常规、引发思考、促进思想延伸，有助于激发出更多创新的思想。例如：这个产品除了可以这样设计，还可以怎么设计呢？

好的提问能化负面信息为正面信息，让人更加积极。例如：由“这件事我又搞砸了”转化为“这次没做好，我能从中吸取什么教训呢？”。

应用解析

养成提问习惯的 4 个关键

谦虚的人更容易向别人请教问题，更希望了解别人的想法。养成谦虚的习惯，疑问会自然而然地产生，有助于提出问题。

好奇心强的人，在接触一个新领域时，更容易从不同角度产生疑惑。保持对事物的好奇心，有助于引发提问。

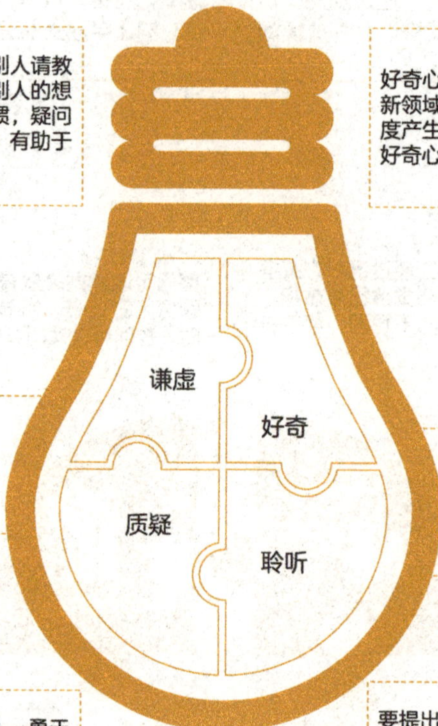

具有批判性思维的人，勇于提出假设，敢于挑战权威，不容易人云亦云，不容易盲从，更容易在既定观点或事实的基础上提出质疑。

要提出好问题，首先要知道对方在表达什么，想表达什么。保持聆听的习惯，有助于在充分理解对方的意图后提出相应的问题。

小贴士

提问虽然是一种高效的沟通方式，但很多人在沟通时不习惯提问。习惯的养成不仅是一个长期的过程，而且还是多种行为综合作用的结果。要养成提问的习惯，首先要养成好奇和聆听的习惯。

1.3 坐标模型：如何提高问题质量

问题场景

1
提问这么有用，看来我平时和下属沟通时总是用提问的方式是对的。
2
你都是怎么提问的？能不能举个例子？
3
例如下属的工作出问题时，我都会问下属“怎么会做得这么差？”或“这件事应该谁来负责？”。
4
这种提问的质量也太低了……这样提问反而会起到负面作用……
5
啊？为什么说我的提问质量低呢？
6
已经出问题了，再问“怎么会做得这么差？”和“这件事应该谁来负责？”并不能解决问题，这属于消极提问。不如问“这件事应该如何解决？”。

问题拆解

低质量的问题不仅达不到提问效果，还可能导致关注点错位，或引发对方的抵触情绪，严重的甚至会激化矛盾。要让提问有效果，就要掌握提问技巧，保证提出的问题是高质量的。

工具与方法

工具介绍

判断提问质量的坐标轴

提问最核心的目标有两个，一是要解决问题，二是要启发思考。

评判一个提问是否优质，可以从两个维度做判断，分别为“是否有助于解决问题”和“是否有助于启发思考”。

有助于解决问题的提问，导向是正向的；无助于解决问题的提问，导向是负向的。

有助于启发思考的提问，导向是积极的；无助于启发思考的提问，导向是消极的。

最优质的提问，是既有助于解决问题，又有助于启发思考的；最劣质的提问，是既无助于解决问题，又无助于启发思考的。

判断提问质量的坐标轴详解

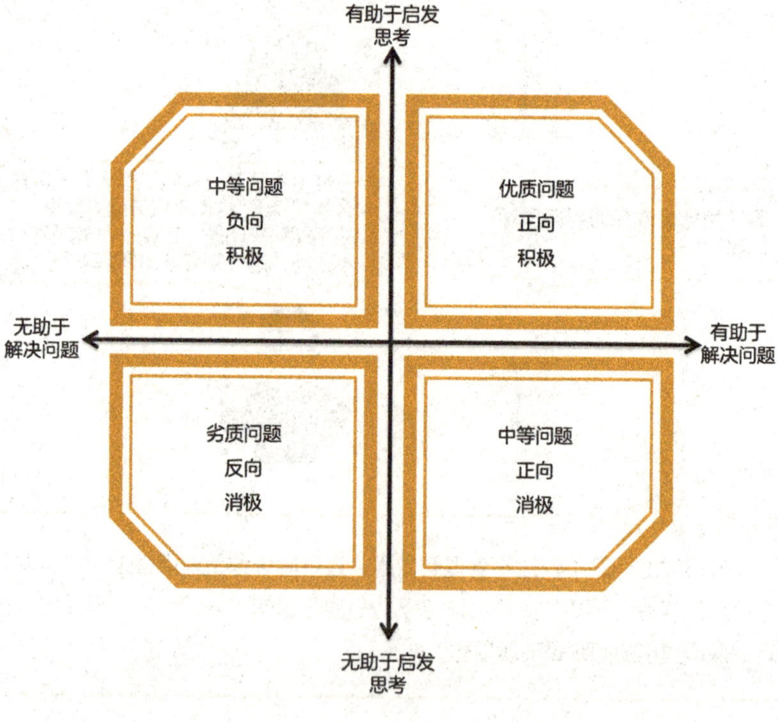

应用解析

判断提问质量案例

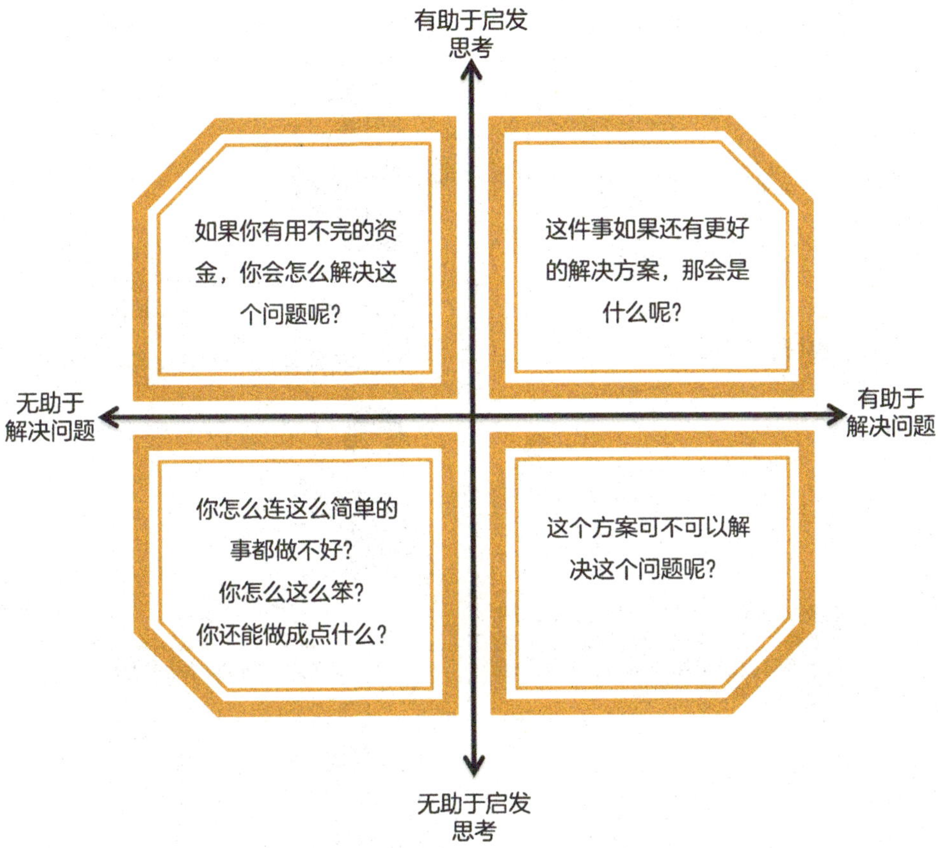
有助于启发思考
如果你有用不完的资金，你会怎么解决这个问题呢？
这件事如果还有更好的解决方案，那会是什么呢？
无助于解决问题
有助于解决问题
你怎么连这么简单的事都做不好？
你怎么这么笨？
你还能做成点什么？
这个方案可不可以解决这个问题呢？
无助于启发思考

小贴士

想让自己能够在不经意间提出高质量问题，可以盘点平时的提问习惯，看自己平时习惯提出的问题中有多少是高质量问题，有多少是低质量问题。判断这些低质量问题产生的原因，刻意纠正自己的提问方式，从而养成提出高质量问题的习惯。

1.4 具体问题：让提问不泛泛抽象

问题场景

1
您如何看待个人的职业发展？
2
你的这个问题太宽泛了，不够具体。
3
不够具体是什么意思？
4
关于个人职业发展，你想知道什么？是关于你的职业发展，还是我的？是职业发展可以有哪些方向，还是你可以在公司岗位上如何发展？
5
这个……我主要想知道我未来的职业发展有哪些可能性，以及在不同可能性上我可以做出哪些努力，不限于我当前公司的岗位。
6
你看，现在你问的这个问题就比较具体了。

问题拆解

不具体的问题也会得到不具体的回答。人们在工作和生活中遇到的问题，通常是基于某个具体事项的。具体事项对应着具体问题。提问时，不要抛给别人泛泛的问题，不要问抽象的问题，要回到具体事项中，提具体的问题。

工具与方法

工具介绍

提问要具体

工作和生活中能产生价值的有效问题是具体的问题。所谓具体的问题，是指聚焦于某个事件的、范围明确的、有细节的、答案指向明确的问题。

具体问题的4个特征

具体问题往往聚焦于某个特定事件，脱离事件存在的问题往往容易变得抽象，显得空洞。

具体的问题是划清边界的，是限定范围的，是在某个特定领域内提出的，不会漫无边际地扩展。

具体问题的答案指向是明确的，往往指向某种具体的、可预料的回答方式。

具体问题包含的细节比较完整，而且细节应当要描述清楚。细节决定了问题的特征，细节决定了问题间的区别。

应用解析

不具体的问题 vs 具体的问题

不具体的问题
本科学历能找到好工作吗?
科幻片好看吗?
学钢琴有用吗?
具体的问题
我是本科学历，想找一份金融公司的文职工作，我该做哪些准备呢?
最近上映的那部国产科幻片你看过吗？你觉得怎么样?
我爸最近想让我学钢琴，但我对钢琴丝毫不感兴趣，我该怎么和他沟通呢?

小贴士

不具体的问题通常有个特点，就是容易产生歧义。如何让问题具体而没有歧义呢？方法是“把条件交代清楚”，这一点可以参考物理考试题。物理考试题的条件会交代得很清楚，从而降低产生歧义的可能性。

1.5 情境要素：让提问更指向答案

问题场景

1
我现在从事的是人力资源岗，我该怎么设置绩效指标呢？
2
你的岗位目前最重要的工作是什么？你的公司目前最需要你在这个岗位做出什么成果？你的上级最期望你做到什么？最能体现你岗位价值的工作是什么？
3
定个绩效指标怎么这么麻烦？不可以直接根据岗位职责来定吗？
4
当然不可以，这就好像同样是一家人，兄弟姐妹喜欢吃的菜，你却不一定喜欢。
5
确实是的，看来还是我的提问有问题。问这类问题的时候要注意什么呢？
6
问这类比较具体、特定、实际的问题，一定要交代清楚情境。

问题拆解

解答特定的问题需要特定的情境。任何实际问题都发生在实际的情境中，有清晰具体的情境，实际问题才能得到有效的回答，不然只可能得到泛泛的回答，得到的答案通常是适合别人的，不一定适合自己。

工具与方法

工具介绍

描述清楚问题的情境

每个特定问题都有由来，每个实际问题的背后都对应着某个情境。交代清楚情境，即向对方介绍和解释清楚自己为什么要问这个问题。描述清楚情境，也是告诉对方自己期望得到答案的框架是什么。

问题情境中包含的 5 个要素

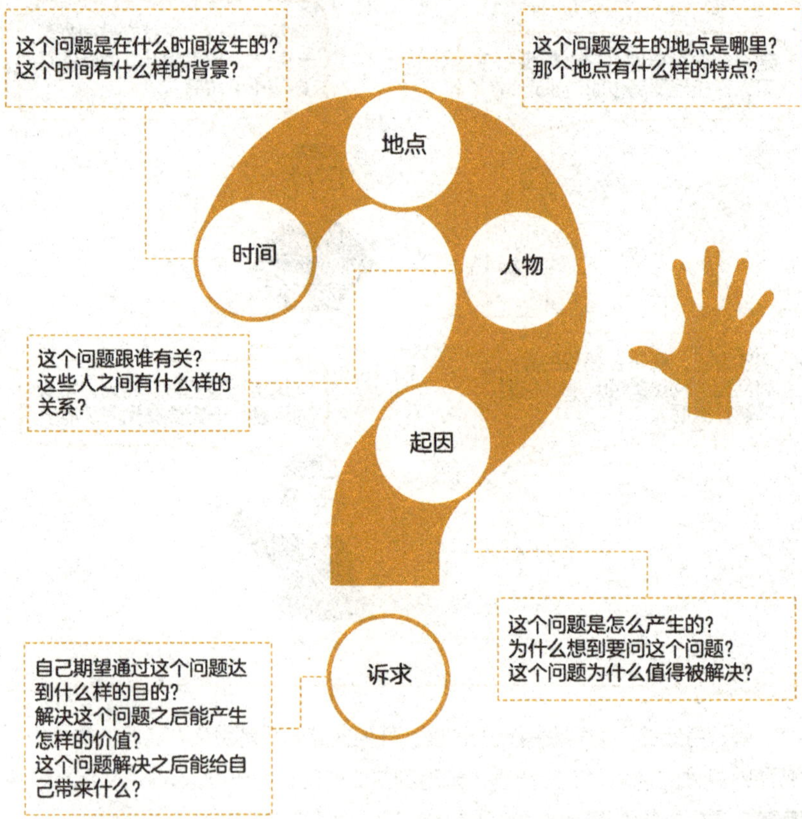
这个问题是在什么时间发生的？
这个时间有什么样的背景？
这个问题发生的地点是哪里？
那个地点有什么样的特点？
地点
时间
人物
这个问题跟谁有关？
这些人之间有什么样的关系？
起因
这个问题是怎么产生的？
为什么想到要问这个问题？
这个问题为什么值得被解决？
诉求
自己期望通过这个问题达到什么样的目的？
解决这个问题之后能产生怎样的价值？
这个问题解决之后能给自己带来什么？

应用解析

描述清楚问题情境的案例

1
任老师，努力就会有结果吗？
2
这个不一定，要看情况吧。你为什么会有这样的疑问？
3
我最近收到一家心仪公司的面试邀请，为这次面试做了大量准备，可我不知道自己做出这么多努力之后，能不能获得那个岗位。
4
也许，你刚才应该在告诉我背景后，直接问“要获得那个岗位，自己应该做哪些努力？”。
5
哦，确实是的，我何必问那些无关的问题……那任老师，我应该做哪些努力呢？
6
你应该根据招聘信息中的岗位描述了解那个岗位的能力需求，然后对比并提高自己的能力。

小贴士

客观讲，努力当然不一定有结果。上例中的提问者之所以一开始问这个问题，是内心渴望自己的努力有回报，期望权威人士能给自己一个肯定的答案，为自己加油打气，给自己信心。与其如此，还不如直接针对诉求提问。

1.6 聚焦事实：让提问不存在争议

问题场景

1
年轻人在大城市发展好，还是在小城市发展好呢？
2
我可以回答这个问题，但难免有些主观，这只是基于我的观点，而非事实。
3
是观点，但不是事实，是什么意思？
4
就是我回答的，只是基于我的认知，认为年轻人在大城市发展更好，或在小城市发展更好。这并不是事实，对你也不一定适用。
5
没关系，至少能给我带来一些参考。
6
有参考是好的，但我期望你在听完后，能有自己的独立判断，能独立思考。不要让我的观点影响你的决策。

问题拆解

有的问题基于事实，有的问题基于观点。基于事实的问题，有标准答案，而基于观点的问题，没有标准答案。当期望得到事实时，可以问基于事实的问题；当期望得到观点时，可以问基于观点的问题。

工具与方法

工具介绍

客观事实 vs 主观观点

事实通常是客观的，是能够被普遍认可的，有时能够被量化，有时不能被量化。

比如今天天气很冷，这是观点；今天最高气温 18 摄氏度，这是事实。

基于客观事实提出的问题，其本身是客观的，往往没有争议；基于观点提出的问题，其本身是主观的，很容易出现不同的理解。

事实的 3 个特点

事实是客观的，不包含主观判断，不以人的意志为转移，不受观察者的思想影响。这里需注意，客观不等于量化。客观是必须的，但量化不是必须的。

事实具备确定性，有明确的主体，有确定的时间、空间、人物，通常会基于某种可以被观察或感知的行为或结果而存在。

事实具备独立性，每个事实之间也许可以相互影响，也许存在某种关联，但在属性上都是相对独立的。

应用解析

基于主观观点的问题 vs 基于客观事实的问题

主观问题
究竟是顺境更有助于人的成长，还是逆境更有助于人的成长呢？
买房究竟该买商业繁华的闹市区，还是该买住户集中的生活区呢？
自媒体究竟让真相离我们越来越近，还是越来越远呢？
客观问题
北京和上海之间的物理距离有多远？
目前广州市天河区的地面温度是多少？
这棵树现在有多少米高？

小贴士

基于主观观点的问题并非是不该有的疑问，而是不该将答案简单地寄希望于别人。这类问题并非没有答案，只是答案源于自己。别人如果直接回答这类问题，也只不过是说出自己的观点。与其问别人，不如让别人帮自己分析利弊，而最终如何抉择，问自己是最好的。

1.7 去伪存真：让提问不浪费时间

问题场景

1
开始管理员工后，我发现员工真是难管。下属总是不能按我的意愿做事，总有让我不顺心、不满意的地方，有没有什么办法可以轻松管理员工呢？
2
你的意思是，期望在管理员工方面，有那种一劳永逸的方法。以后别再让管理员工这件事产生的烦恼困扰你？
3
对对对，任老师您太懂我了，我就是这个意思。
4
你的这个期待，只有一个方法能实现，就是你不要再做管理者了。只要不管理员工，你就不再有这个烦恼了。
5
那怎么行，您这么说等于没回答我的问题啊，我好不容易晋升成主管了，总不能自己退回去吧？
6
你的问题，其实是内在情绪问题，而不是外在可以解决的问题。成了管理者，就要承担管理者必须承担的烦恼。

问题拆解

很多问题是内在情绪波动引发的问题，这类问题很难被真正解决。要尝试解决这类问题，最好的方法是改变内在情绪；或者也可以把内在问题转化为外在问题，这种转化，实际上是把因为情绪产生的抱怨转化为可以被解决的问题。

工具与方法

工具介绍

发现真问题

外在问题是真问题，内在问题其实是烦恼。

烦恼是自我主观情绪产生的，而真问题是基于客观事实存在的。

解决烦恼的逻辑是解决情绪问题的逻辑，解决真问题的逻辑才是创造价值的逻辑。

烦恼的 3 个特征

烦恼是主观的，同样一件事，对有的人来说是烦恼，对有的人来说则可能不是。

烦恼是和工作岗位紧密连接在一起的，除非不工作，否则烦恼可能会一直存在。

烦恼是一种负面情绪表现，同样一件事对同一个人来说，有时候是烦恼，有时候则可能不是。

应用解析

内在问题 vs 外在问题

内在问题
最近总是接到顾客投诉，有没有什么办法能让顾客不投诉呢？
孩子总是不听我的话，怎么能让孩子听话呢？
我喜欢的人不喜欢我，我该怎么让他喜欢我呢？
外在问题
公司的产品最近总出现质量问题，如何找到问题根源呢？
对待处在叛逆期的孩子，我们有哪些沟通方法呢？
我该如何提高自己的修养，成为一个有魅力的人呢？

小贴士

内在的烦恼能被解决吗？解决情绪问题，最好的办法是学着转变思维、控制情绪，而不是通过尝试改变外部环境来缓解自己的情绪。

1.8 精准表达：让提问能避开歧义

问题场景

1
我该怎么把工作做好呢？
2
什么叫好？怎么评判好呢？
3
好就是好啊，就是做到周围人都满意。
4
达到什么程度，周围人才会满意呢？
5
这个……我还真得好好想想。
6
也许你想好之后，一开始的问题也就有答案了。

问题拆解

形容词往往是不精确的，同样一件事，有人认为做得好，有人认为做得不好。如何统一呢？最好的办法是用相对精确的语言定义和表达问题。使用精确的语言才能表达精准，没有歧义，不容易出现误解。

工具与方法

工具介绍

问题中的精确语言

问题中的用词应该是精确的，尽量少用形容词，如这个人很好，这个问题很难，这个过程很长，这件事情很小。

对好与坏、难与易、长与短、大与小等这些形容词，每个人有不同的理解和认知，而且有时候会存在较大差异。

精确语言的 4 个特征

精确的语言中可以包含具体的数字。有量化数字的语言，通常是精准的，不容易出现歧义。

精确的语言中可以有具体的行为或对事实的描述。行为和事实是客观的，相对不容易出现理解偏差。

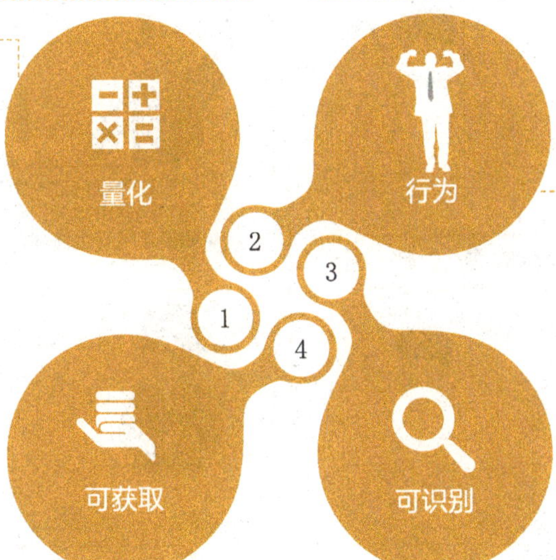

无法被获取的数据或行为虽然存在，但因为无法被识别、记录或展示，同样无法应用在精确的语言中。

不论是数据还是行为，都要能够被精准地识别出来。无法被识别的数据或行为算不上精确。

应用解析

模棱两可 vs 精准表达

模棱两可
我想做一件实事，怎么做呢？
我想做一件好事，怎么做呢？
我想做一件大事，怎么做呢？
精准表达
我想在今年写30篇管理类的读书笔记，并发布在自媒体账号上，有没有比较经典的书可以推荐？
我想在今年组织30场慈善活动，但不知道自己有能力举办哪类慈善活动，可不可以帮我分析一下呢？
我想在今年成立一个基金会，但不知道审批部门是哪个，不知道该走什么流程，你知道该怎么做吗？

小贴士

除了量化、行为、可识别、可获取之外，精确的表达中还可以尽可能多地加入时间要素。有了时间要素，就可以精准框定问题的时间范围，让回答者更有针对性，提问者更可能得到想要的答案。

1.9　有效抉择：用提问做出好选择

问题场景

1
我现在手里有两个项目，你说我该投资A项目，还是投资B项目呢？
2
A项目和B项目各有优缺点，也都有风险，我可以帮你分析，但你还是要自己选择。
3
要分析优缺点的话，我自己也能分析出个大概，主要还是想请您直接给出选择建议。
4
在这个问题上直接给出选择建议，既是对你不负责，也是对我自己不负责。
5
怎么说得这么严肃？有那么严重吗？
6
如果我直接给建议，你听取后投资了某个项目，项目失败了，那不就成了我的责任？就算项目没失败，但也许有一天你会觉得选另一个项目更好。

问题拆解

让别人替自己做抉择，等于把抉择失败的风险推给别人。这样既是对自己不负责，也是对别人不负责。对于回答者来说，抉择成功后的收益全是别人的，抉择失败后很可能会遭受指责。此时最佳的策略是不要回答这类问题。将心比心，最好也不要问别人这类问题。

工具与方法

工具介绍

抉择类问题的问法

遇到抉择类问题，最好的方法是请对方帮自己理清思路，以便更好地抉择，而非直接让别人帮自己做决策。理清思路的思维有 4 个，一是分析，帮自己看清利弊；二是扩展，帮自己打开边界；三是延伸，帮自己发现可能性；四是收拢，促进自己尽快做出选择。

抉择类问题的 4 个提问角度

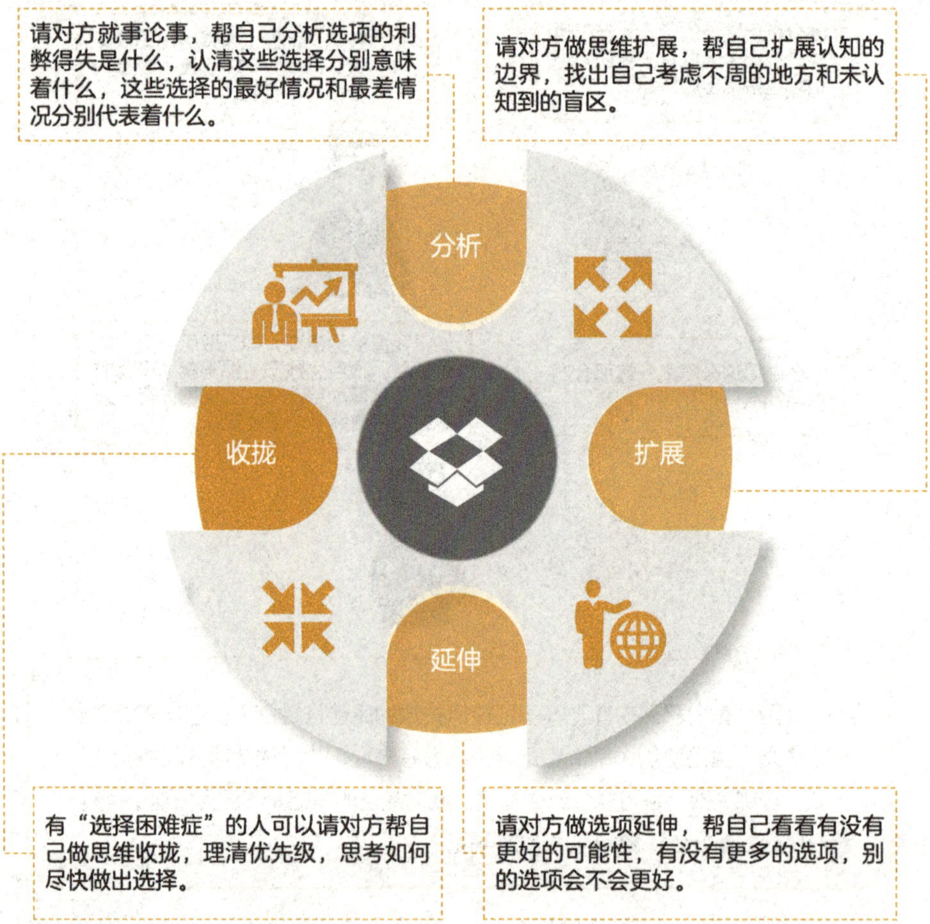
请对方就事论事，帮自己分析选项的利弊得失是什么，认清这些选择分别意味着什么，这些选择的最好情况和最差情况分别代表着什么。
请对方做思维扩展，帮自己扩展认知的边界，找出自己考虑不周的地方和未认知到的盲区。
分析
收拢
扩展
延伸
有“选择困难症”的人可以请对方帮自己做思维收拢，理清优先级，思考如何尽快做出选择。
请对方做选项延伸，帮自己看看有没有更好的可能性，有没有更多的选项，别的选项会不会更好。

应用解析

常见的让别人替自己做选择的问题

现在有个工作机会，也许会有更好的发展，我该辞职吗？
我想做投资，你能不能给我推荐一些公司的股票啊？
有两个男生在追求我，我该答应哪一个呢？
找另一半，到底是应该选爱我的人，还是勇敢地追求我爱的人呢？
找工作应该选择自己喜欢但工资低的，还是自己不喜欢但工资高的呢？
朋友想做一个生意，拉我入股，你说我该不该入股呢？

小贴士

很多人觉得，专家的作用就是给出答案，所以喜欢请专家直接给出答案来代替自己思考。实际上，专家的正确作用是让自己想得更清楚、认识得更透彻、总之就是变得更好。直接让专家给答案，省略了自己思考的过程，无助于个人成长。

02

思维牵引：如何用提问引导思考

本章背景

1
任老师，为什么在我问出问题后，您不像别的老师那样，直接告诉我“如果我是你，我会怎么做”呢？
2
因为毕竟我不是你，我这样说了，对我是简单的，但对你却没有帮助。
3
为什么对我没有帮助呢？我觉得这样挺好的啊，可以免去我的思考时间。
4
如果总不经自己思考，还怎么成长呢？我更希望你能通过我，自己解决问题，因为这说明你成长了。
5
我确实不喜欢思考，而且我发现身边很多同事和朋友也不喜欢思考，如果我能学会像您那样通过提问引导思考就好了。
6
掌握提问技巧后，确实可以通过提问引导思考。

背景介绍

思考有助于人的成长。在人们日常交流常用的语言模式中，疑问句比陈述句更容易引发思考。陈述句往往是单向的信息传递，而疑问句是双向的信息互通。本章将会介绍如何用提问引导人们的思考。

2.1 发掘真我：用提问来明确价值观

问题场景

1
我对自己的职业发展感到挺迷茫的，我可以通过提问发现其中的问题吗？
2
可以的，迷茫主要是因为有些问题没想通，想通之后就好了。通过提问恰好有助于想通这类问题。
3
在这种情况下，我该如何向自己提问以引发思考呢？
4
可以通过提问明确价值观。有清晰明确的价值观，就不容易迷茫了。
5
如何通过提问明确价值观呢？
6
可以从最重要、最喜欢和最讨厌这3个角度展开提问。

问题拆解

不清楚自己的价值观，很容易在一些需要抉择的问题上感到迷茫。所谓“不惑”，很多时候是知道自己要什么、不要什么。价值观根深蒂固地存在于人们的意识中，它就像空气一样，如果人们不是刻意去感受，平时几乎感受不到它的存在。

工具与方法

工具介绍

价值观

价值观指导人们对人、事、物与行动进行选择与评估，是人们内心的一把尺。

简单理解，价值观就是人们人生中对不同事物重要程度的排序，是人们判断究竟什么对自己更重要、什么对自己不重要的依据。

例如小明有了一个比较长的假期，假如他完全可以自由选择在这段有限的时间里做任何事，他可能会选择外出旅行，可能会选择学习深造，可能会选择走亲访友，也可能会选择在家里看电视。人们会做出不同的选择，是因为他们有不同的价值观。

发掘价值观的 3 类问题

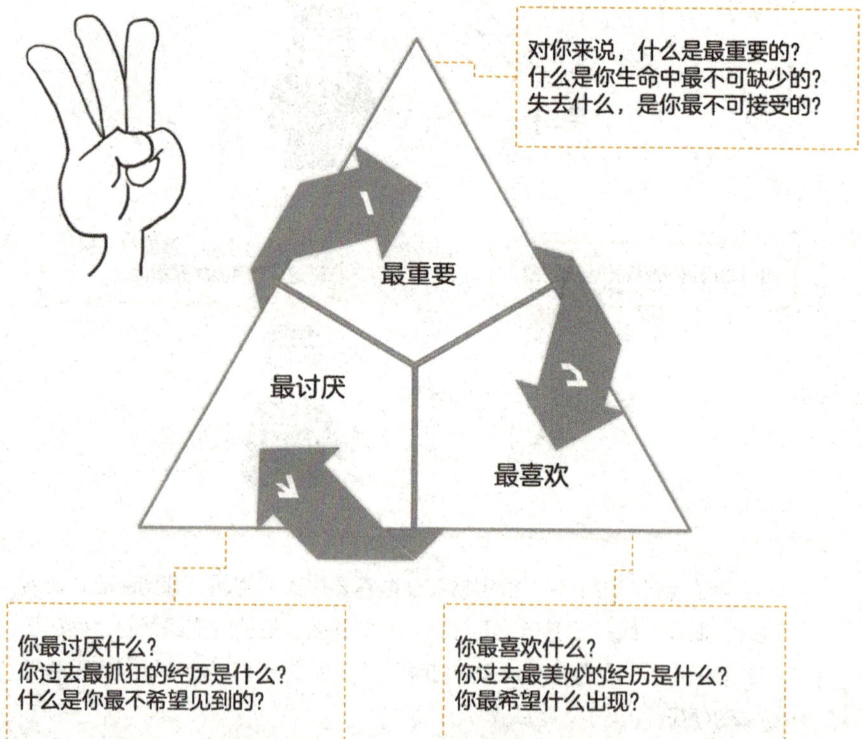
对你来说，什么是最重要的？
什么是你生命中最不可缺少的？
失去什么，是你最不可接受的？
1
最重要
2
最讨厌
3
最喜欢
你最讨厌什么？
你过去最抓狂的经历是什么？
什么是你最不希望见到的？
你最喜欢什么？
你过去最美妙的经历是什么？
你最希望什么出现？

应用解析

舒伯职业价值观测评

舒伯职业价值观测评是心理学家唐纳德·E.舒伯（Donald E.Super）在1970年研发的，他把人的职业价值观分成了15种，分别如下。

是否倾向于为别人或社会创造价值？
利他助人
美的追求
是否追求美的事物？追求把美带给世界？
是否更喜欢知识或技能类工作？
智力激发
是否追求名誉或地位？追求被尊敬？
声望地位
是否倾向于设计或创造新事物？
创造性
是否追求获取权利？
管理权力
是否追求更高的报酬？
经济报酬
是否能给人带来成就感？
成就感
是否有一定的自主性？
独立性
是否对工作环境有较高要求？
工作环境
是否期望职业与生活方式相符？
生活方式
是否期望职业给自己带来安全感？
安全感
是否期望职业的变化性较大？
变异性
上司关系
是否期望上级和自己相处融洽？
同事关系
是否期望同事和自己相处融洽？

小贴士

价值观可以分成人生价值观和职业价值观。职业价值观是人们在不同人生发展阶段所表现出的阶段性人生价值追求，是人们希望通过工作来实现的人生价值。它决定了一份职业能给人带来的满足感，可以作为人们选择职业的重要依据。有个词叫“人各有志”，这里的“志”体现在职业选择上，就是职业价值观。

2.2 量化决策：提问发现价值观排序

问题场景

1
我觉得自己的价值观有很多，都挺重要的，很难取舍，在这种情况下该怎么办呢？
2
你可以找到最关键、最重要的价值观，忽略那些不重要的价值观。
3
可是我觉得每一种价值观都很重要，很难取舍啊。
4
你可以做个价值观排序，把不重要的价值观强制排除掉。
5
但我看哪种价值观都舍得不得排除，怎么办呢？
6
那你可以用打分和加权的方式来做决策。

问题拆解

每个人都有多种价值观，这些价值观共同影响着人的行为。如何让自己做出一个不后悔的决策？最好的方法是选择与自己价值观最相符的那个选项。当发现难以舍弃某些价值观时，可以给价值观排序，用打分或加权的方式做出决策。

工具与方法

工具介绍

价值观排序

人们做出的任何行为通常都不会只源于单一的价值观，而是由多个价值观综合作用后产生的。人们的行为标准反映了人们的价值观标准。

在潜意识中，不同价值观的重要性是不同的。人的行为更容易受较重要价值观的影响。要找到重要的价值观，可以给价值观排序。

价值观排序的 3 个步骤

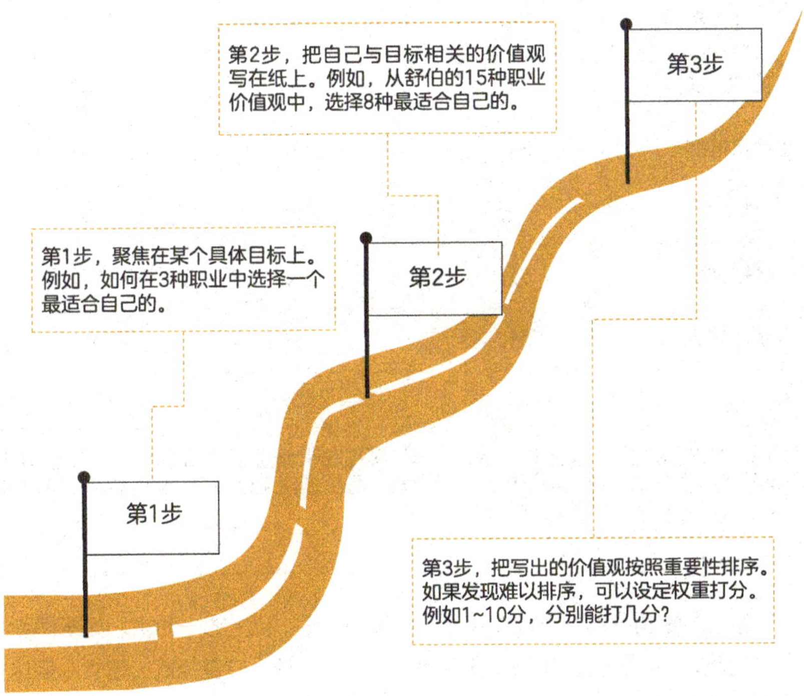
第2步，把自己与目标相关的价值观写在纸上。例如，从舒伯的15种职业价值观中，选择8种最适合自己的。
第3步
第1步，聚焦在某个具体目标上。例如，如何在3种职业中选择一个最适合自己的。
第2步
第1步
第3步，把写出的价值观按照重要性排序。如果发现难以排序，可以设定权重打分。例如1~10分，分别能打几分？

应用解析

价值观排序案例

小李工作兢兢业业，得到了领导和同事的一致认可。集团公司领导有意提拔他，目前有两个职位空缺，一个是小李所在分公司的副总经理，另一个是集团公司某部门负责人。集团公司领导征求小李本人的意见。

小李选择了8种对自己最重要的价值观，按1～10分的重要程度打分，又根据两个职位在每种价值观上的符合程度按1～5分打分，用重要程度的数字乘符合程度的数字，加权得到两个职位的分。

价值观	重要程度得分	分公司副总经理符合程度得分	集团公司部门负责人符合程度得分
成就感	8分	5分	4分
智力激发	9分	5分	4分
上司关系	6分	5分	3分
美的追求	7分	4分	4分
经济报酬	8分	5分	4分
创造性	7分	4分	4分
独立性	6分	4分	5分
生活方式	5分	4分	4分
总分		255分	224分

分公司副总经理岗位对小李来说，综合价值认可度高于集团公司部门负责人岗位。小李在反复检查各项分值与自身价值观的匹配度后，最终做出了选择分公司副总经理岗位的决定。

小贴士

以上方法得出的最终数字是参考的重要依据，而非唯一依据。如果两者数字差距较大，测试者却仍想选择数字较小的选项，应查找此方法的应用过程是否正确。对于有“选择困难症”的人，也许不论用什么方法都无法做出最终抉择，这时应先锻炼自己做决断的能力。

2.3 开放心态：避免提问中隐含冒犯

问题场景

1
我发现身边有些人的价值观很有问题，有没有什么办法能改变这些人的价值观呢？
2
你有没有注意到，在咱俩的所有对话中，我从没评价过你价值观的好坏？
3
那应该是因为我的价值观没问题吧？
4
价值观无所谓有没有问题，每个人都认为自己的价值观是对的，也都有可能不理解别人的价值观。
5
可我就是看不惯有些人的价值观，怎么会有人那样想问题呢？
6
人家那样想问题，又没影响到你。你要保持开放的心态和别人对话，不然很容易不欢而散。

问题拆解

只要不是对别人生命或财产构成威胁的价值观，都应当尊重。每个人的价值观都是独特的，每个人都是自己人生的专家，要与别人有效沟通、拉近距离、获得别人的认可，就不能轻易评判别人的价值观。

工具与方法

工具介绍

保持开放的心态

与别人对话时，应保持开放的心态，理解和包容对方的价值观，不要对别人的价值观评头论足，不要质疑别人的价值观。不然双方很容易出现评价对方价值观的对话，使双方产生矛盾。

针对价值观的质疑式提问是毫无意义的，因为在成年人的对话中，多数情况下，人们没办法改变对方的价值观。在双方价值观截然相反的情况下，也很难做到让对方认可自己的价值观。

所以，理解和尊重别人的价值观是最好的沟通策略。

保持开放心态的 4 个关键

听到某个观点时，不要做判断，尤其是那些自己不理解的观点。可以先尝试理解，就算理解不了，也不能妄加判断。

让自己保持一颗童心，让自己对这个世界充满好奇心，而不是对很多事物持有确定性的评判。

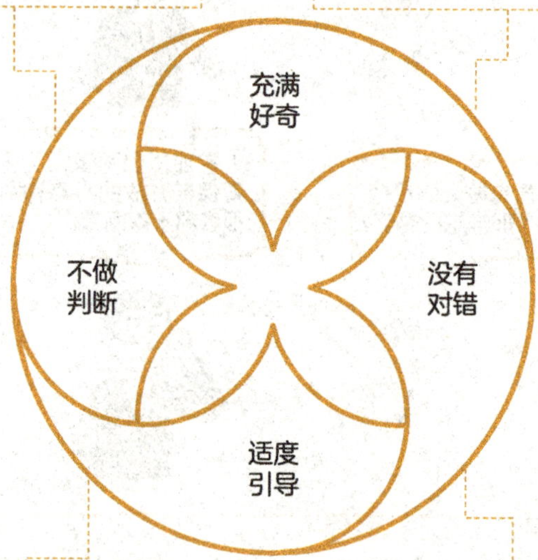

如果觉得对方某些观点有问题，可以尝试引导对方，但应适度，不应一开始就把对方朝着与自己价值观相一致的方向引导。

每个人都有独特的观点。多数情况下，观点没有对错，不同观点多半是不同文化、不同知识、不同境遇下所产生的不同偏好而已。

应用解析

锻炼开放心态的 4 个步骤

1 保持平常心

平常心是内心波澜不惊，是开放心态的前提，时刻让自己保持一颗平常心更有利于接纳别人的观点。

2 对方先表达

沟通时，不要急于表达自己的观点，可以请对方先表达。对方表达时要认真聆听，不要忽略对方的观点。

3 让渡主动权

把表达的主动权让渡给对方，对方若接受这种表达的主动权会乐于表达，更多维度地表达观点。

4 谨慎说观点

谨慎表达自身观点，尤其是当自身观点与对方观点不一致时，强势表达观点可能引起对方的警觉或反感。

小贴士

大多数情况下，价值观虽然没有好坏之分，但却有“有帮助”和“没帮助”之分。在某些特定事件上，有的价值观有助于实现目标，有的则对实现目标没有帮助。评价或试图改变对方的价值观很难收获好的结果，但可以尝试引导对方理性地发现自身价值观对实现目标没有帮助，从而主动改变行为。

2.4 引领进步：引导改变时如何提问

问题场景

1
我最近跟我的上级领导关系比较紧张，我觉得再这样下去会对我的职业发展不利，不知道如何是好，我该怎么办呢?
2
其实你有能力自己发现、解决和改变这个问题，只是你没有注意到。
3
啊？真的吗？可我希望您帮我一起分析和解决这个问题。
4
要不咱们来试一试你能不能自己解决这个问题。你会发现自己去发现和解决问题比别人给你指出问题更有助于问题的解决。
5
那具体要怎么做呢?
6
通过3个问题就可以引导自己发现问题和做出改变。

问题拆解

每个人都有发现自身问题、找到解决方案，并做出改变的能力，只是自己有时很难意识到这一点。人们自发的、由内而外的改变往往力量更强，效果更显著。利用提问技巧可以帮助人们察觉问题所在，从而做出改变。

工具与方法

工具介绍

引导改变的 3 个问题

要引导改变，可以按照以下 3 个问题的步骤开展实施。

第 1 个问题是挖掘观察，找到引起问题发生的根本原因。

第 2 个问题是寻求变化，找到应当做出改变的问题点。

第 3 个问题是发现不同，思考变化后可能出现的不同，促进改变的发生。

这 3 个问题是逐级递进关系，按照顺序问出并回答这 3 个问题，往往有助于改善和解决问题。

引导改变的 3 个问题示例

深度挖掘和观察问题为什么会产生。
可以问的问题：
从中你注意到些什么？
除了这些之外，还有呢？
有没有发现问题在哪？

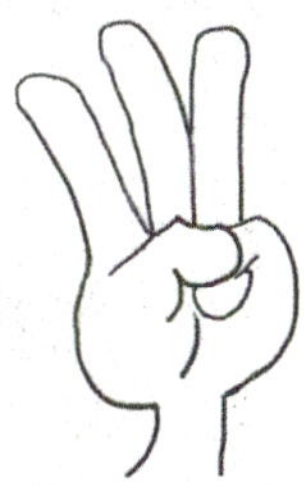

发现做出改变后会发生哪些不同。
可以问的问题：
改变后，与原来会有什么不同？
改变后，你的生命会变成什么样？
改变后，会出现一幅什么样的画面？

找到值得改变的问题点。
可以问的问题：
你想做些什么改变？
这些改变可能会在哪里发生？
你觉得做什么能让这些改变出现？

应用解析

引导改变的案例

1
你有没有注意到自己刚才说的话中有什么问题？
2
问题？就是我不常和上级领导沟通吧？
3
你觉得做出什么改变，这个问题能解决呢？
4
我觉得也许我要主动一些，主动找领导沟通，这样应该能缓解我们的问题。
5
改变后，你会有什么变化呢？
6
我和领导间的关系会变得更亲密。奇怪了，您没直接回答我的问题，但我的问题看起来似乎有解了。我也不像以前那么迷茫了。

小贴士

引导改变的提问技巧，既有助于帮助自己发现问题、引导改变，也有助于帮助身边人发现问题、做出改变。

2.5 拓宽视野：用提问发现更多可能

问题场景

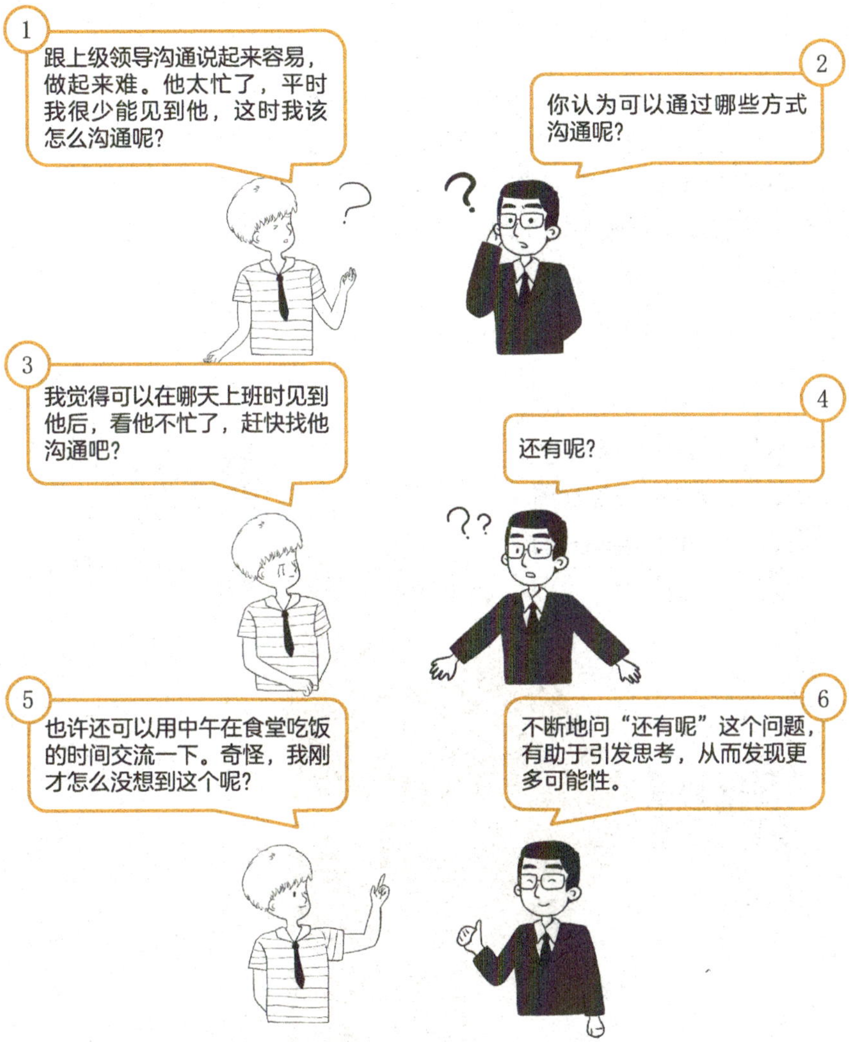
1
跟上级领导沟通说起来容易，做起来难。他太忙了，平时我很少能见到他，这时我该怎么沟通呢？
2
你认为可以通过哪些方式沟通呢？
3
我觉得可以在哪天上班时见到他后，看他不忙了，赶快找他沟通吧？
4
还有呢？
5
也许还可以用中午在食堂吃饭的时间交流一下。奇怪，我刚才怎么没想到这个呢？
6
不断地问“还有呢”这个问题，有助于引发思考，从而发现更多可能性。

问题拆解

当思绪打不开时，人很容易陷入焦虑，这时会有一种“不知道该怎么办”的感觉。当不知道该怎么办时，可以通过提问打开思路。不断问“还有呢”，有助于发现更多方向，找到更多方法，寻求更多可能性。

工具与方法

工具介绍

扩展可能性

任何事都能够被扩展，任何事的解决也可能都有多个可选方案。

“还有呢”是一个可以被用来做扩展的万能问题。当思维进入死胡同不得解时，当期望发现更多更优解时，可以不断问出这个问题，它有助于让我们发现当前还未思考到的可能性。

扩展可能性的 4 个维度

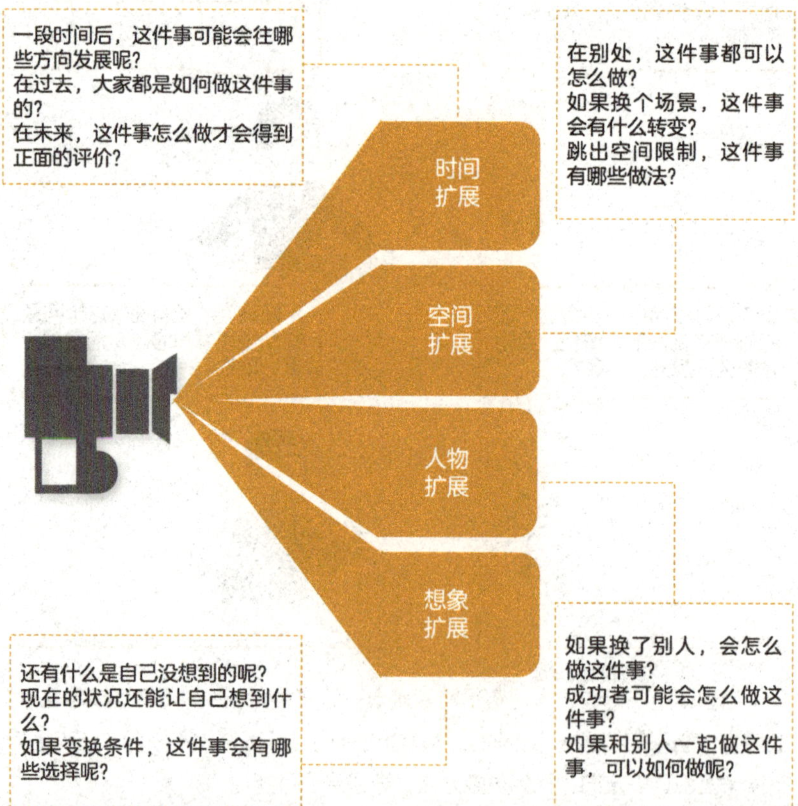
一段时间后，这件事可能会往哪些方向发展呢？
在过去，大家都是如何做这件事的？
在未来，这件事怎么做才会得到正面的评价？
时间扩展
在别处，这件事都可以怎么做？
如果换个场景，这件事会有什么转变？
跳出空间限制，这件事有哪些做法？
空间扩展
人物扩展
想象扩展
还有什么是自己没想到的呢？
现在的状况还能让自己想到什么？
如果变换条件，这件事会有哪些选择呢？
如果换了别人，会怎么做这件事？
成功者可能会怎么做这件事？
如果和别人一起做这件事，可以如何做呢？

应用解析

扩展可能性的案例

1
和上级间的沟通，除了前面说到的两种沟通方式外，还有什么方式可以沟通呢？
2
还可以在部门组织团建游戏时主动找上级组队，增加彼此的信任感和默契度。
3
还有呢？
4
应该再没有了吧。
5
也许没有了，但假如还有，你认为是什么呢？
6
如果还有，那就是我平时给上级发信息时，除了汇报工作外，再聊些非工作相关的话题，增加彼此间的了解。

小贴士

在一般对话中，“还有呢”可以一直问下去。当对方说“没有了”时，如果想要继续引导对方思考，为了不引起对方反感，可以先表达认可，说“也许没有了”或“我知道没有了”，接着提出一种假设，说“假如还有，会是什么呢？”。

2.6 持续精进：如何用提问督促成长

问题场景

1
我身边很多朋友和同事都不愿学习成长，我用引导改变的提问方式可以有效促进他们学习成长吗？
2
不一定，也许他们从心底里认为学习成长不重要。你要知道，很多人不是不会改变，不是不能改变，而是不愿改变。
3
为什么我觉得学习成长很重要，我那些朋友却觉得不重要呢？
4
因为他们很可能没对现状产生强烈不满，就算有很多小抱怨，但情绪力量不强，所以不会行动。
5
有什么办法可以让他们愿意学习成长呢？
6
情绪是激发人行动的动力，情绪力量越强，人越有可能改变。首先可以通过提问引导对方产生不满情绪。

问题拆解

当人们主观上愿意改变，但却不知道如何行动时，可以用引导改变的提问方式，此时的提问是由内向外的；当人们主观上不愿改变时，可以先引导人们产生不满情绪，让人们从主观上产生急于改变的想法。

工具与方法

工具介绍

督促成长的提问

成长总要面临改变，改变往往是不舒适的，甚至是痛苦的。

任何外部力量最多只能促进改变，无法强制改变的发生。要引导对方改变，可以通过提问让对方发现自己对现状的不满，产生内部改变的意愿。因为发自内心的改变更容易取得好效果。

督促成长的 4 类问题

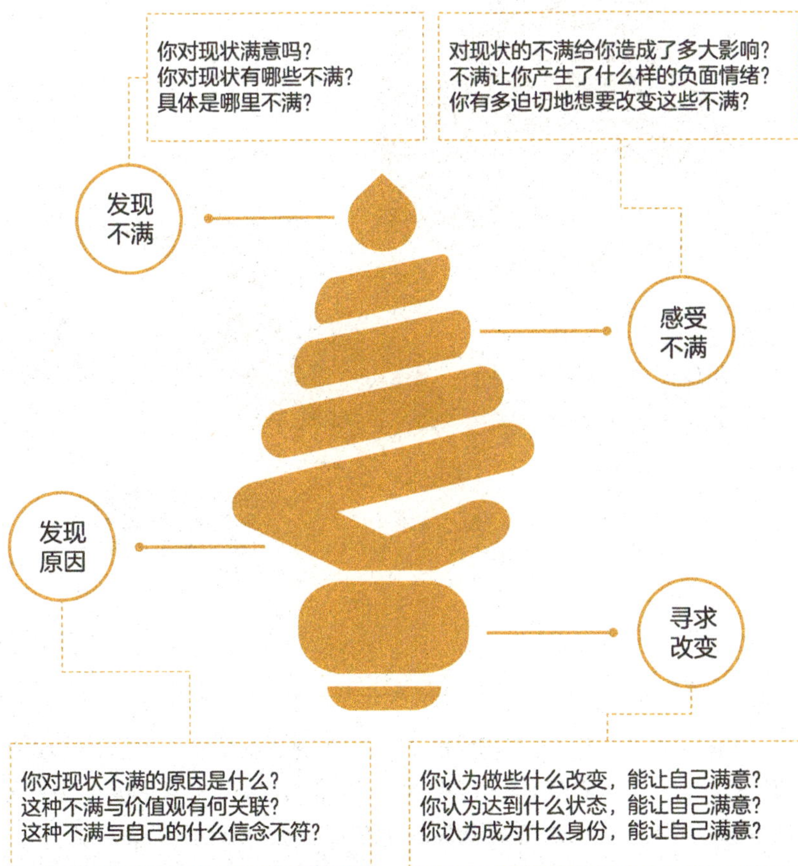
你对现状满意吗？
你对现状有哪些不满？
具体是哪里不满？
对现状的不满给你造成了多大影响？
不满让你产生了什么样的负面情绪？
你有多迫切地想要改变这些不满？
发现不满
感受不满
发现原因
寻求改变
你对现状不满的原因是什么？
这种不满与价值观有何关联？
这种不满与自己的什么信念不符？
你认为做些什么改变，能让自己满意？
你认为达到什么状态，能让自己满意？
你认为成为什么身份，能让自己满意？

应用解析

督促成长提问的 4 个步骤

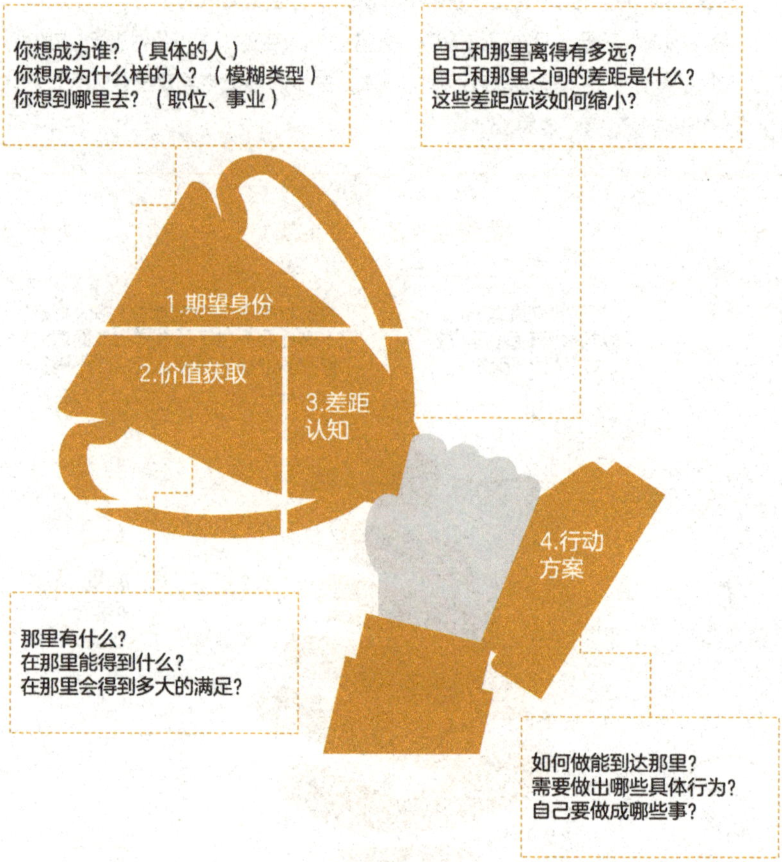
你想成为谁？（具体的人）
你想成为什么样的人？（模糊类型）
你想到哪里去？（职位、事业）
自己和那里离得有多远？
自己和那里之间的差距是什么？
这些差距应该如何缩小？
1.期望身份
2.价值获取
3.差距认知
4.行动方案
那里有什么？
在那里能得到什么？
在那里会得到多大的满足？
如何做能到达那里？
需要做出哪些具体行为？
自己要做成哪些事？

小贴士

很多人并非一开始就不想成长，并非没有最初的梦想，而是曾经有过梦想，但在尝试后没有获得期望的结果，于是选择放弃成长或消极对待成长。督促成长的提问，本质上就是帮助那些放弃成长的人找回最初的梦想。

2.7 突破自我：借提问冲破信念限制

问题场景

1
人老了之后就跟不上时代了，您说我应该如何避免自己老了之后被时代抛弃呢？
2
为什么人老了之后就跟不上时代？这听起来只是你的限制性信念吧。
3
不是啊，我父母如今都老了，明显跟不上时代，很多电子产品不会用，也不愿接触。我身边好多朋友的父母也这样啊。
4
就算你见到很多父母是这样，也不能就此得出“人老了之后就跟不上时代”这样的结论啊。
5
何必那么咬文嚼字呢，就算我这么想又怎么样呢？
6
你的问题是基于这个限制性信念提出的。如果没有这个限制性信念，你的问题也就不存在了，更不会有答案了。

问题拆解

很多问题源于人固有的信念，这些信念会限制人的行动。限制人行动的信念通常具备某种前提假设，当不存在这种假设时，问题将不存在或无意义。提问前，首先要审视问题是否是基于某种限制性信念而存在。

工具与方法

工具介绍

限制性信念

每个人都有自己的信念。信念不是问题，但有些信念并非基于事实，有时候甚至有些偏激，这样的信念会限制人们获得思考上的更多可能性。当一个信念限制人们发现更多可能性时，这个信念就变成了限制性信念。这种信念将直接给予人思想和行为上的限制。

常见的限制性信念包括：

1. 金钱，有了钱就……没钱就……
2. 年龄，年轻就会……老了就……
3. 性别，男人天生就……女人天生就……
4. 事业，做生意的人都……上班的人都……

通过提问找到限制性信念的方法

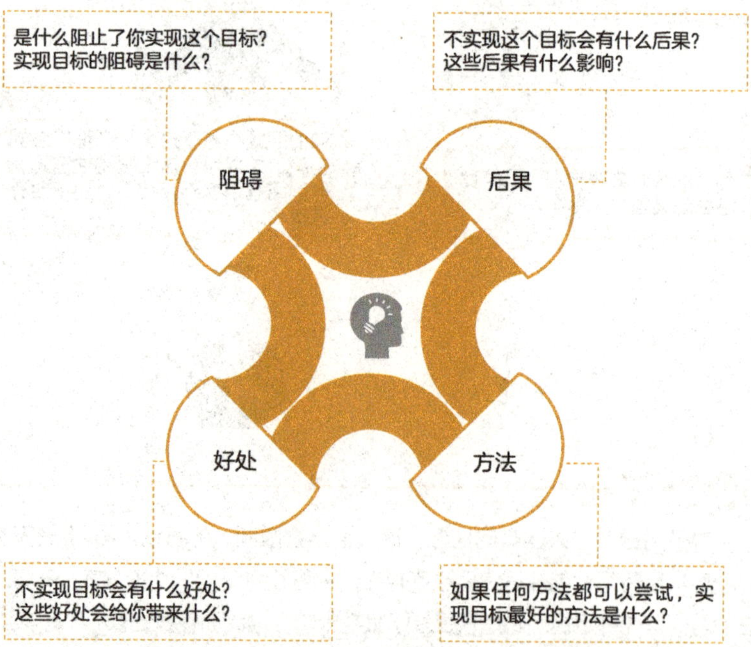
是什么阻止了你实现这个目标？
实现目标的阻碍是什么？
不实现这个目标会有什么后果？
这些后果有什么影响？
阻碍
后果
好处
方法
不实现目标会有什么好处？
这些好处会给你带来什么？
如果任何方法都可以尝试，实现目标最好的方法是什么？

应用解析

发现和认知限制性信念的 4 个拓展问题

1.如果这个信念是真的，还有什么信念也是真的？
例如，如果“人老了之后就跟不上时代了”这个信念是真的，那么“世界上没有一个老年人愿意使用新时代产品”这个信念也应该是真的，而事实当然并非如此。

2.这个信念假设了什么？
例如，“人老了之后就跟不上时代了”这个信念假设了只要人步入老年后，都不愿意接触新东西，不愿意了解世界上的新产品或新发现，学习能力都会出现显著下降。

4.发现限制性信念并调整思考方式后，你怎么知道现在的思考是不是基于事实的？
例如，发现“人老了之后就跟不上时代”是限制性信念后，又产生“老年人其实什么新东西都学得会，只是不愿学罢了”的思考。这个思考是基于事实的吗？显然也不是。

3.你支持这个信念是因为什么？是因为身边的哪些人或事让你产生了这个信念？
例如，“人老了之后就跟不上时代了”这个信念是基于自己的父母和身边朋友的父母，还是基于哪些事件呢？

小贴士

1. 限制性信念往往伴随着表示绝对的语言，例如“全”“都”“一定”“必然”。

2. 限制性信念会影响人们实现目标，很多目标无法实现，和拥有限制性信念有关。

3. 限制性信念与人的知识和经历关系很大，见识更多的人和事，有助于打破限制性信念。

2.8 跨越时空：向未来的自己要答案

问题场景

1
我常常很迷茫，不知道今天应该做什么，不知道明天应该怎么过，您能不能给我一些建议，告诉我应该做什么呢？
2
这个问题有个人比我更适合回答你，这个人跟你很亲近，你应该不断地向这个人问这个问题。
3
这个人是谁啊？难道是我妈？
4
不是，这个人就是你“未来的自己”。
NO!
5
未来的自己？什么意思？
6
你可以问5年后的自己，10年后的自己，或20年后的自己，然后就知道现在该做什么了。

问题拆解

对个人成长类问题，最好的答案在自己那里。未来的自己是当前自己最好的教练。试着和未来的自己对话，思考自己未来将会是什么状态，思考自己未来想要什么，让未来的自己告诉今天的自己该做什么。

工具与方法

工具介绍

时间线

对于个人未来的发展问题，可以通过时间线的方式向自己提问。

通过时间线进行提问有 4 个步骤：第 1 步是设置几个与自己相关的时间点；第 2 步是感受在不同时间点自己的状态；第 3 步是接受信息；第 4 步是形成行动计划。

通过时间线提问的 4 个步骤

第3步，回到现在，回忆刚才接收到的信息，整理这些信息，明确自己期望达到的状态，确立目标。
第4步，根据期望达到的状态和确立好的目标，制定可落地执行的行动计划。
4.行动计划
第1步，设置属于未来的时间点。
第2步，进入未来的某个时间点，充分感受那时的情景，让未来的自己给现在的自己鼓励。
3.接受信息
2.感受状态
1.设时间点

应用解析

提问的 3 个维度

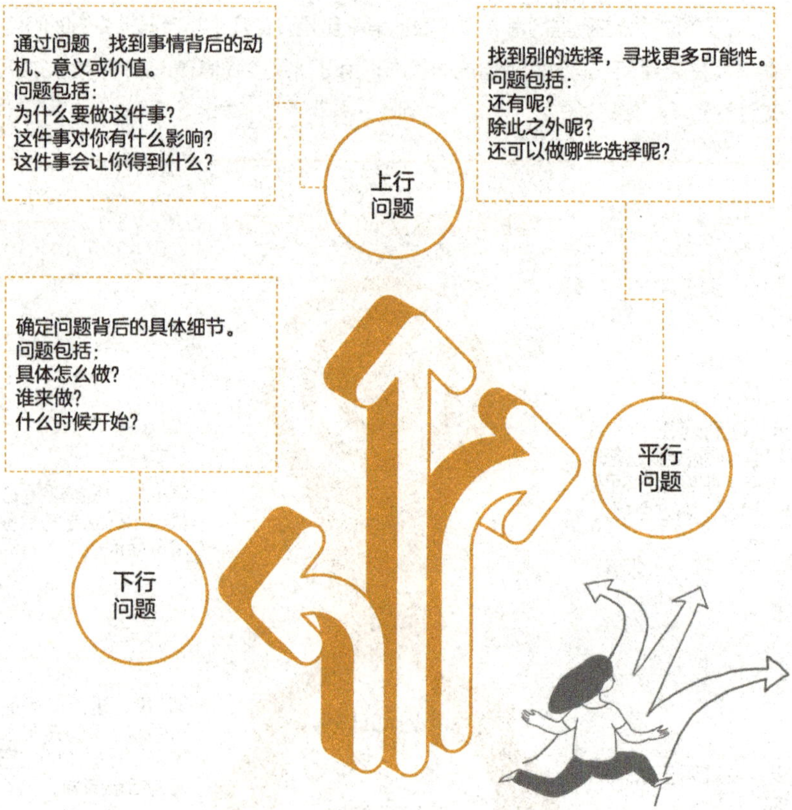
通过问题，找到事情背后的动机、意义或价值。
问题包括：
为什么要做这件事？
这件事对你有什么影响？
这件事会让你得到什么？
上行问题
找到别的选择，寻找更多可能性。
问题包括：
还有呢？
除此之外呢？
还可以做哪些选择呢？
确定问题背后的具体细节。
问题包括：
具体怎么做？
谁来做？
什么时候开始？
平行问题
下行问题

小贴士

所谓上行问题，是寻找问题产生的原因，挖掘问题背后的信息；所谓平行问题，是就事论事，找到与解决问题相关的信息；所谓下行问题，是解决问题落实行动时，具体需要做什么。对任何人、任何事，都可以在以上 3 个维度做问题的拓展和延伸。

2.9 问题生成：没问题可问时怎么办

问题场景

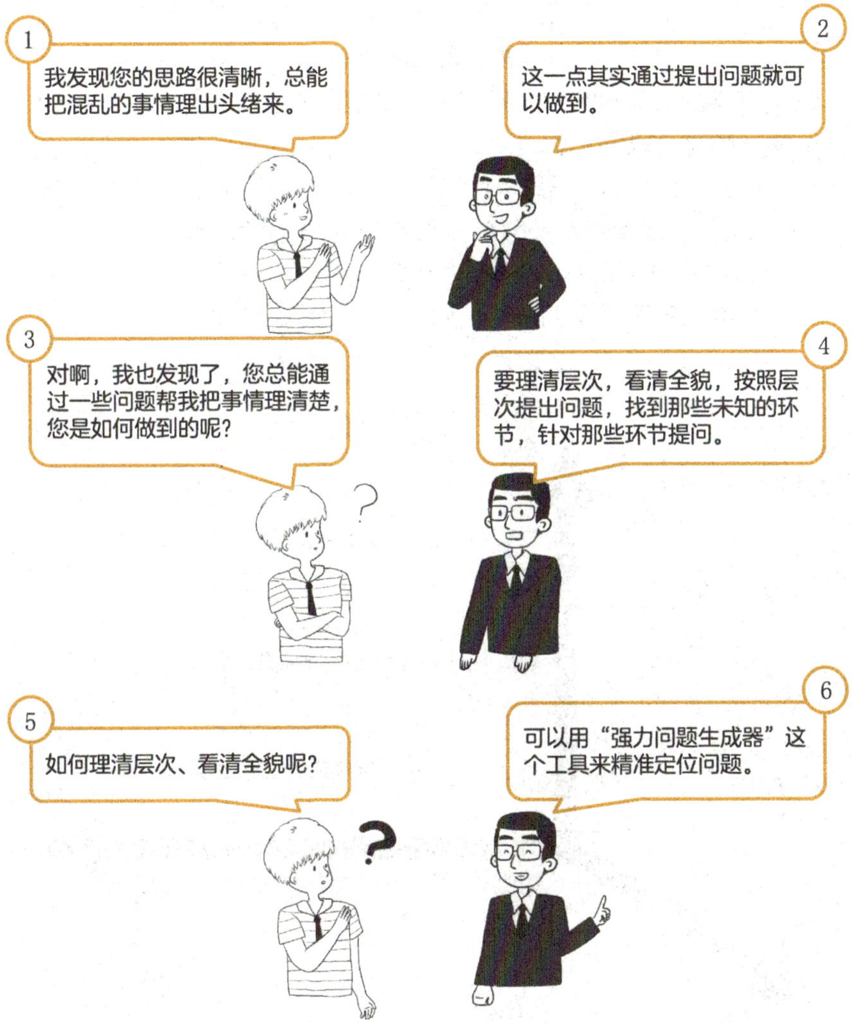
1
我发现您的思路很清晰，总能把混乱的事情理出头绪来。
2
这一点其实通过提出问题就可以做到。
3
对啊，我也发现了，您总能通过一些问题帮我把事情理清楚，您是如何做到的呢？
4
要理清层次，看清全貌，按照层次提出问题，找到那些未知的环节，针对那些环节提问。
5
如何理清层次、看清全貌呢？
6
可以用“强力问题生成器”这个工具来精准定位问题。

问题拆解

好的问题不仅可以用来获取信息，而且可以用来梳理信息和寻找思路。当心中存疑，但思路不清晰时，可以通过不断提出问题，理清思路，了解情境，明确现状，让原本混乱无序的事件变得清晰明朗。

工具与方法

工具介绍

强力问题生成器

要想通过问题理清现状、理顺思维，可以借助“强力问题生成器”，通过不断提出问题挖掘深层次信息。

强力问题生成器可以分成 3 个维度，分别是人物维度、时间维度和系统维度。

人物维度包括问自己、问对方、问除自己和对方外的第三方。

时间维度包括问过去、问现在、问未来。

系统维度包括问身份、问信念、问能力、问行为和问环境。

常见的强力问题生成器结构

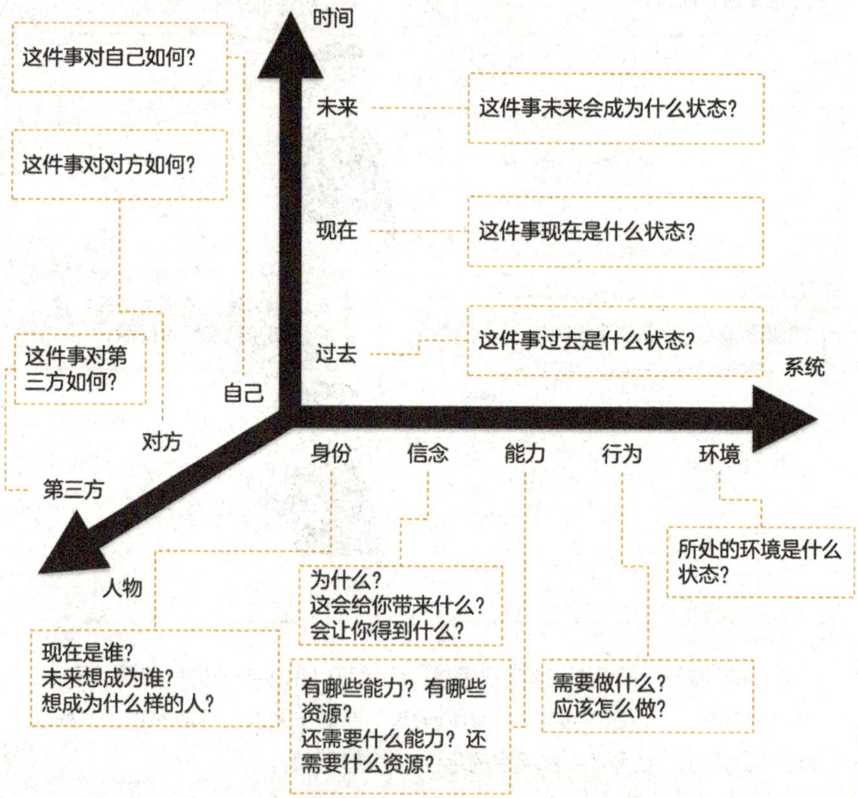
时间
这件事对自己如何?
未来
这件事未来会成为什么状态?
这件事对对方如何?
现在
这件事现在是什么状态?
这件事对第三方如何?
过去
这件事过去是什么状态?
系统
自己
对方
第三方
身份
信念
能力
行为
环境
所处的环境是什么状态?
人物
为什么?
这会给你带来什么?
会让你得到什么?
现在是谁?
未来想成为谁?
想成为什么样的人?
有哪些能力？有哪些资源?
还需要什么能力？还需要什么资源?
需要做什么?
应该怎么做?

应用解析

强力问题生成器的应用

1
任老师，学英语有没有用呢？
2
你可以思考一下，学英语对在英语环境中工作和生活的人有多大用处？（第三方）相比之下，对你自己的价值有多大？（自己）
人物维度
3
我现在的工作和生活好像都还用不上英语，但隐约觉得应该学。
4
过去你没学会英语，有多大影响？现在你不会英语，有影响吗？（过去）未来你学会了英语会给你带来多少好处呢？（未来）
时间维度
5
过去不会英语确实也没什么影响，说不定现在学了英语，将来就能用上呢。
6
你将来想成为什么样的人？（身份）你为什么这么想学英语？（信念）学英语需要的时间和金钱你具备吗？（能力）要学好英语你需要做什么？（行为）你具备学英语的环境吗？（环境）
系统维度

小贴士

强力问题生成器在应用时，通常是多个维度共同作用的，而不只在某个单一维度上应用。例如：为什么（系统）你（人物）过去（时间）没想过要学英语？别人（人物）在曾经（时间）不具备时间和金钱（系统）时，是如何学好英语的（系统）？

03

行为指引：如何用提问激励行动

本章背景

1
我发现身边很多人总是想得多、做得少。我看着干着急，好像也帮不上什么忙。
2
和督促成长的原理一样，你得让这类人自己主观上想行动才可以。
3
怎么让这些人主观上想行动呢？
4
你可以通过提问，激励这类人采取行动。
5
提问还能让人采取行动？要如何提问呢？
6
可以通过提问发现这类人不行动的原因，帮助其树立行动目标。

背景介绍

一切改变都源于行动，没有落实到行动的改变都是纸上谈兵。对那些不愿采取行动的人，可以通过提问，帮助其意识到事情的严重性，让其从主观上意识到行动的重要性，增强其做出改变的紧迫感，促使其更愿意采取行动。

3.1 角色模型：增强行动力的工具

问题场景

1
我身边很多人只是一味抱怨，却不愿采取行动。
2
你有没有发现，你刚才说的这句话，本身也是在抱怨？
3
呀！是哈！有没有什么办法可以摆脱抱怨呢？
4
你可以不断地问“你说的这些话/做的这些事能解决问题吗？”，如果回答一直是“否”，那么就不断思考说什么或做什么能解决问题。
5
我明白了，也就是说，当言语和行动以解决问题为导向时，就代表走出抱怨的怪圈了吧？
6
没错，这样问有助于摆脱一味抱怨，从抱怨走向行动。

问题拆解

抱怨是没意义的事。抱怨除了可以“过嘴瘾”外，并不能解决任何实际问题，反而会传播负能量，起到反作用。如果不满，要么找更好的代替者，要么承担责任，采取行动改变现状。不要做一个只会抱怨的“抱怨者”。

工具与方法

工具介绍

人的 3 种角色

人总是存在 3 种角色，分别是抱怨者、选择者和负责者。这 3 种角色都能够发现问题，但在发现问题后的做法截然不同。

抱怨者只是一味抱怨，并不能实际解决问题；选择者懂得找到一个新的领域，避开问题；负责者愿意站出来承担责任，采取行动解决问题。

这 3 种角色中，抱怨者最多，选择者其次，负责者最少。

人的 3 种角色详解

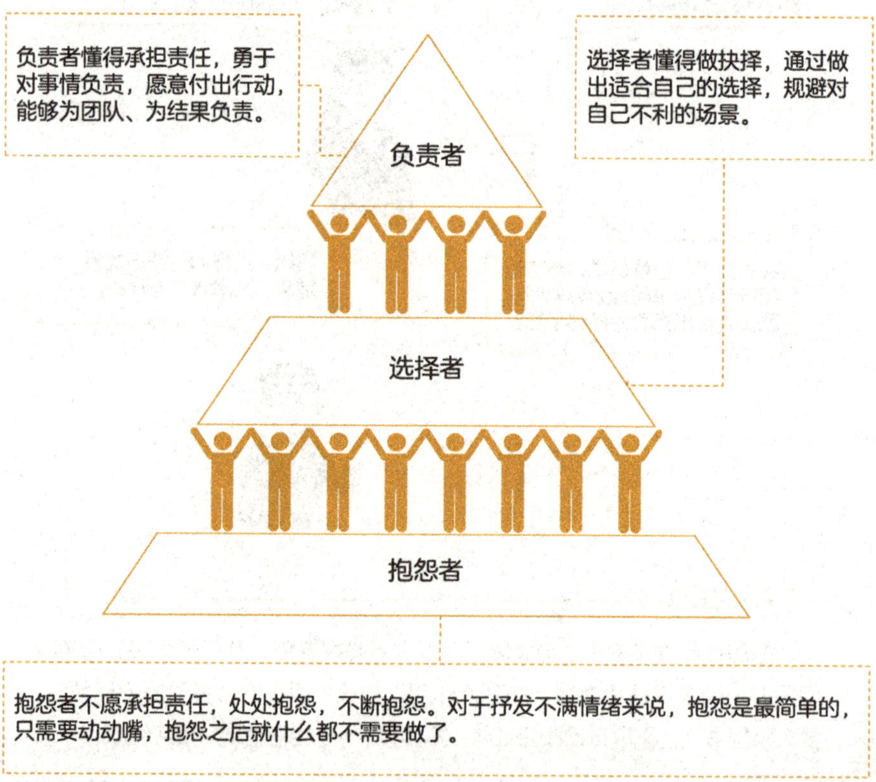
负责者懂得承担责任，勇于对事情负责，愿意付出行动，能够为团队、为结果负责。
选择者懂得做抉择，通过做出适合自己的选择，规避对自己不利的场景。
负责者
选择者
抱怨者
抱怨者不愿承担责任，处处抱怨，不断抱怨。对于抒发不满情绪来说，抱怨是最简单的，只需要动动嘴，抱怨之后就什么都不需要做了。

应用解析

抱怨者常有的 4 种语言模式

例如，这件事也太难了吧，我没办法做到啊；事情就是这样的，我能有什么办法呢？

例如，这件事这里不行啊，解决不了这个问题我没法做；这件事那里不行啊，我没法开展工作。

例如，以我的能力，应该办不到这件事；我以前没做过这个啊；这哪里学得会啊。

例如，这件事不是我的责任，是别人硬要我做的；这件事做得不好都是因为别人。

小贴士

为什么很多人喜欢担任抱怨者的角色？因为抱怨能够很好地抒发人们的不满情绪，让人的情绪趋于平缓。情绪是一种激发人行动的能量，当不满情绪的能量被抱怨释放后，用来激发行动的情绪能量就变少了。选择者和负责者的角色也许也会对现状不满，但他们选择用更多的情绪能量来采取行动。

3.2 保障行动：通过提问解决拖延

问题场景

1
很多人主观上是想行动的，但总喜欢拖延。我身边就有不少这样的人，当然我有时候也会拖延。
2
你有没有想过，自己为什么会拖延？
3
这还用问，当然是因为懒呗。
4
懒不是真正的原因。严格说起来，每个人都在某些方面会犯懒。如果一个人完全不懒，那这个人很可能早就累死了。
5
这么说起来，懒还是件好事呀？那拖延不就无解了吗？
6
当然有解，我们可以通过提问，发现拖延给自己带来的好处和坏处，将其和不拖延给自己带来的好处和坏处做比较。

问题拆解

如果只是用懒来解释拖延问题，那拖延将是无解的。懒在很多时候能给人们带来好处，所以人会在有些情况下犯懒。懒是人的天性，是刻在人基因里的。这个世界上不存在完全不懒的人。要找到拖延的根源，可以从利弊分析的角度去思考。

工具与方法

工具介绍

拖延的利弊分析

解决拖延问题的方法有很多，可以通过养成行为习惯来解决拖延问题，可以通过设置工作提醒来解决拖延问题，也可以通过科学的学习或工作方法来解决拖延问题。

要从思想层面解决拖延问题，可以通过提问发现拖延给自己带来的好处和坏处，同时将其和不拖延为自己带来的好处和坏处做比较，两利相权取其重，两害相权取其轻，从而减少拖延问题。

识别拖延利弊的 4 类问题

你会在什么事情上经常拖延？（请尝试举几个例子）
这些事情同属于什么类型？
这些事情之间有什么相似之处？
你正在花费多少精力逃避行动？
你因为拖延，付出了什么代价？
你因为拖延，浪费了多少时间？
代价
事情
好处
坏处
因为拖延，给自己带来了什么坏处？
这些坏处有什么深远的影响？
拖延的好处更多还是坏处更多？
因为拖延，给自己带来了什么好处？
这些好处满足了自己哪方面的需求？
这些好处到底对自己有多大的价值？

应用解析

改变拖延的 4 类问题

当前的紧迫状况如何？你预计需要多少时间完成这项工作？如果再不做，还剩多少时间？

在自己的职权范围内，这项工作可以授权给谁来代替自己做？可以让谁为完成这件事情负责？

你要如何调整，以使自己能完成这项工作？为了做好这项工作，你可以做出哪些改变？

如果这是周期性的工作，或属于重复的工作，是否可以用雇佣别人或外包的形式来完成？

小贴士

如果难以理解利弊分析是解决拖延问题的原理，可以想象以下场景。假如你制定了每天晚上睡觉前看 2 小时书的目标后很难达成，经常拖延。这时给自己加上一个“只要这样持续做 21 天后，能获得巨大奖励”的设定，实现目标的可能性就能有效提高。

3.3 聚焦重点：用提问找行动焦点

问题场景

1
有时候我也想改变现状，知道自己该采取一些行动，但经常不知道该做出哪些具体的行动？
2
是不是就像我们在郊外时，如果漫无目的地望向远方，也许会看到一片美好的风景，但事后却不记得这片风景中都有什么，只记得“很美”？
3
这形容也太贴切了，就是这样。有时候总觉得未来可期，未来可能是美好的，但该从哪里开始走向未来呢？
4
行动和视线的道理一样：视线如果不聚焦，就很难记住看到了什么；行动如果不聚焦，就不知道该做什么。
5
那应该怎么办呢？
6
可以通过提问找到行动的焦点。当行动有了焦点后，自然就知道具体该做什么了。

问题拆解

人们常说，行动要落地，可如何让行动落地呢？要做到行动落地，不仅要保证行动是具体的，要能够被执行和实施，而且要保证行动要有重点和优先级顺序，要聚焦。聚焦是保证行动落地实施的关键。

工具与方法

工具介绍

找到行动焦点

面对烦琐的工作，人们每天面临的待采取的行动非常多。这时候要找到行动的焦点，明确行动的优先级顺序。

没有焦点的行动，很可能是“东一榔头，西一棒子”，既没有重点，也没有规划。有焦点的行动则可以把主要时间用来完成重要事项。

找到行动焦点的 3 个步骤

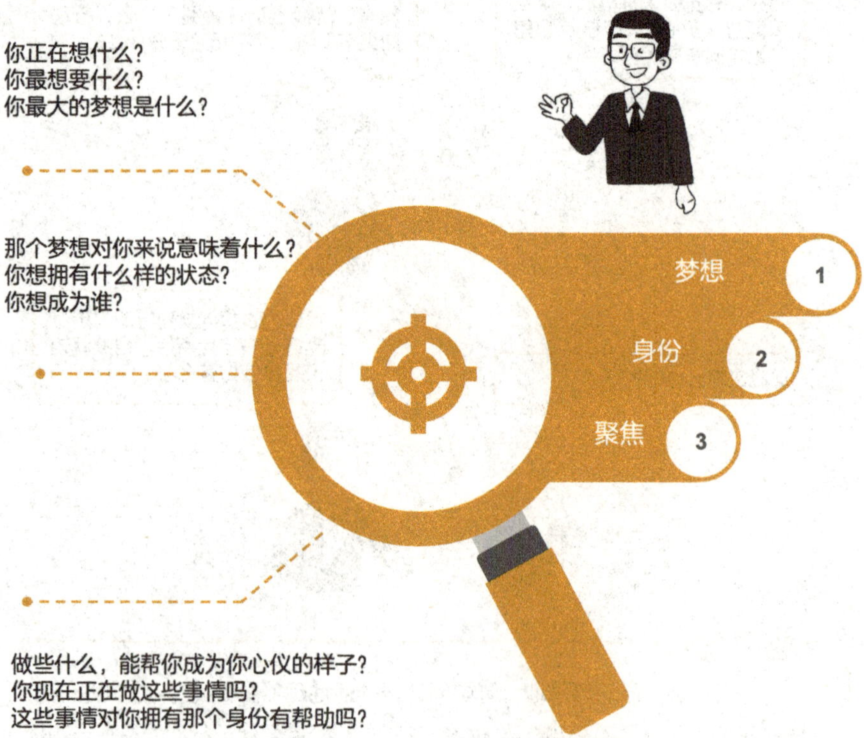

你正在想什么？
你最想要什么？
你最大的梦想是什么？
那个梦想对你来说意味着什么？
你想拥有什么样的状态？
你想成为谁？
做些什么，能帮你成为你心仪的样子？
你现在正在做这些事情吗？
这些事情对你拥有那个身份有帮助吗？
梦想 1
身份 2
聚焦 3

应用解析

3 种常见的干扰行动的维度

经常干扰你行动的人是谁？
例如，你原本计划晚上要好好看书学习，但小明忽然来电话，想邀请你一起玩游戏。这时候你想了想，马上就停止看书了。类似的情况经常发生，这说明小明是经常干扰你行动的人。

经常让你放弃行动的事是什么？
例如，你原计划要好好健身减肥，每天都要去健身房锻炼身体。但最近有足球比赛，如果去健身就会耽误看球赛，于是你选择在家看球赛。类似的事件经常发生，这说明足球比赛是经常让你放弃行动的事。

经常干扰你行动的物品是什么？
例如，你原计划今晚要好好完成一份项目文件，但忽然手机响了。手机上的社交聊天软件、新闻娱乐软件、短视频软件等都在吸引你玩手机。你忍不住拿起手机玩了3个小时。类似的情况经常发生，这说明经常干扰你行动的物品是手机。

小贴士

行动受干扰是无法聚焦和落实行动最常见的原因之一。要让行动聚焦，有效落实行动，首先要学会躲避那些打乱自己行动计划，影响自己实施行动的人、事、物。干扰少一点，行动才能多一点。

3.4 时间轮圈：用提问做时间管理

问题场景

1
我想做的事情比较多，有时候感觉理不清头绪，不知不觉时间就不够用了，我该怎么办呢？
2
可以尝试评估一下这些事情耗费的时间，根据耗时状况调整每件事的时间。
3
具体怎么做呢？
4
首先记录每件事每天的用时情况，根据属性给这些事件分类；再算出不同属性事件耗时的百分比。
5
这样是理清现状，接下来怎么办呢？
6
接下来就可以通过提问发现自己应当在哪里做出调整了。

问题拆解

人的时间是有限的，但需求是无限的，在有限的时间里，不可能做完满足个人需求的所有事。这时就需要分配自己的时间，把多数时间用来做重要的事，少数时间用来做次重要的事；对于那些不重要的事，甚至可以直接不做。

工具与方法

工具介绍

时间轮圈

时间轮圈是评估时间分配的工具。时间轮圈的使用可以分为以下 3 步。

第 1 步，发现自己当前每天都在做的事情，审视平均每天花在这些事情上的时间，计算得出每件事情占用时间的百分比。

第 2 步，画一个圆形，根据当前用时的百分比，切分这个圆形，每个切分出来的部分就像一块披萨。

第 3 步，审视整个时间轮圈上每件事情的时间分布，思考当前的状况是否是自己满意的，是否需要做出调整。

时间轮圈示例

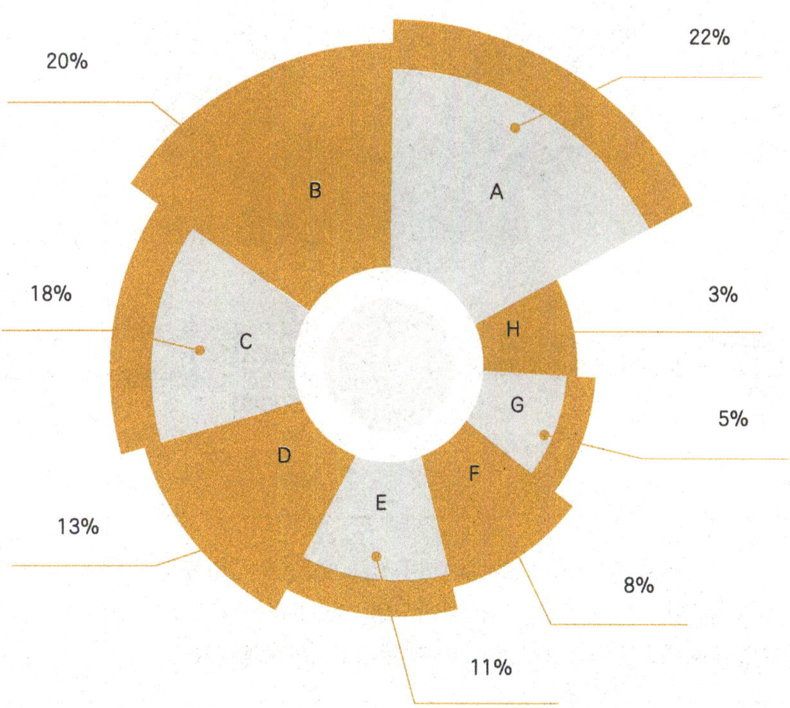

应用解析

针对时间轮圈可以问的 4 个问题

看到画好的时间轮圈后，自己有什么感受？
画的时候有没有发现什么问题？

最想做的事情是否占了大部分的时间？
是否花了大部分时间做了最重要的事情？

当前的时间分配是自己满意的吗？
这个时间轮圈是自己想象中理想的状态吗？

如果不做那些既占用时间又低价值的事，会有什么后果？
是不是可以不做那些既占用时间又毫无意义的事？

小贴士

时间轮圈有助于人们最优地利用时间，让人们可以在有限的时间内创造最大的产出。养成运用时间轮圈的习惯，定期评估自己的时间分配情况，有助于不断提高工作效率，让自己的生活和工作越来越高效。

3.5 靶心设定：用提问定行动目标

问题场景

1
我觉得人们不行动还有一个重要的原因，就是没有目标。每个人都要有明确的目标，这样才知道应该怎么做。
2
你说得太对了！有明确的目标，确实有助于目标的实现。你现在的目标是什么？
3
我的近期目标是职业发展得更好，远期目标是事业有成！
4
你设定目标的精神可嘉，但这两个目标显然都是无效的目标啊……
5
啊？为什么是无效的目标？
6
因为这两个目标太抽象，不具体，没有截止时间，也没办法评判目标完成的结果如何。

问题拆解

有效的目标才是真目标，设计目标的关键不仅在于有没有目标，也在于目标有没有效。要保证目标有效，设定目标时不能靠“拍脑袋”，不能想当然，应当遵循科学的工具和方法设计目标，从而保证目标的有效性。

工具与方法

工具介绍

SMART 原则

设定目标时，应当遵循 SMART 原则，即具体的（Specific）、可衡量的（Measurable）、可以达到的（Attainable）、具备相关性的（Relevant）、有明确截止期限的（Time-bound）。

SMART 原则详解

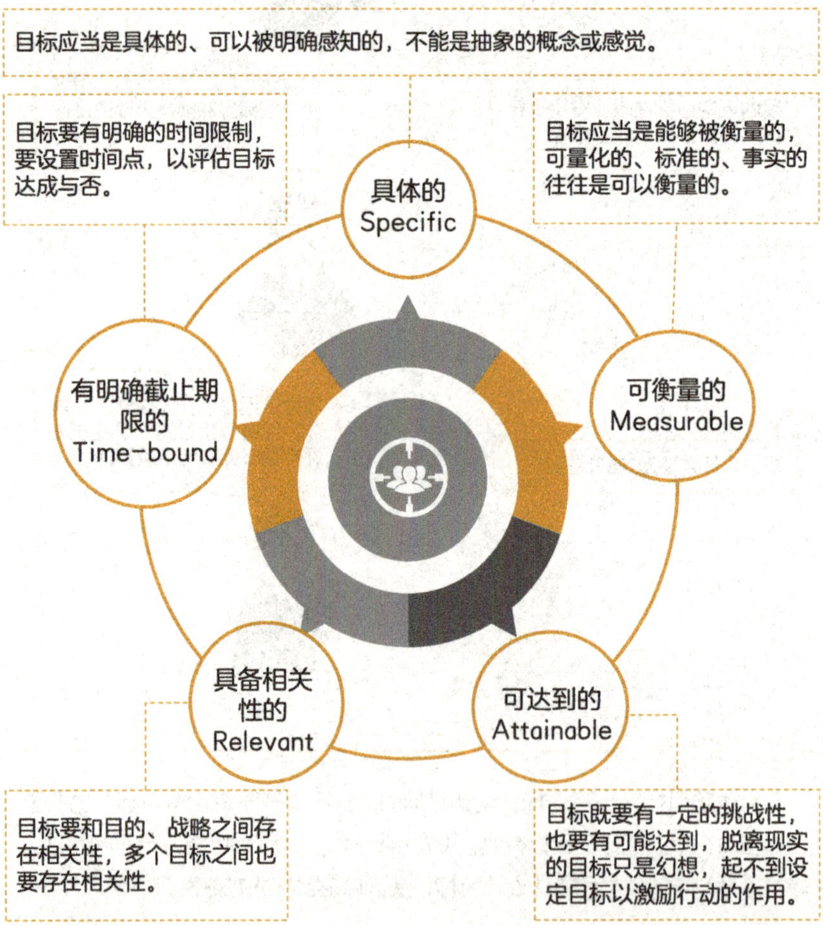
目标应当是具体的、可以被明确感知的，不能是抽象的概念或感觉。
目标要有明确的时间限制，要设置时间点，以评估目标达成与否。
目标应当是能够被衡量的，可量化的、标准的、事实的往往是可以衡量的。
具体的 Specific
有明确截止期限的 Time-bound
可衡量的 Measurable
具备相关性的 Relevant
可达到的 Attainable
目标要和目的、战略之间存在相关性，多个目标之间也要存在相关性。
目标既要有一定的挑战性，也要有可能达到，脱离现实的目标只是幻想，起不到设定目标以激励行动的作用。

应用解析

评判目标是否符合 SMART 原则时可以问的问题

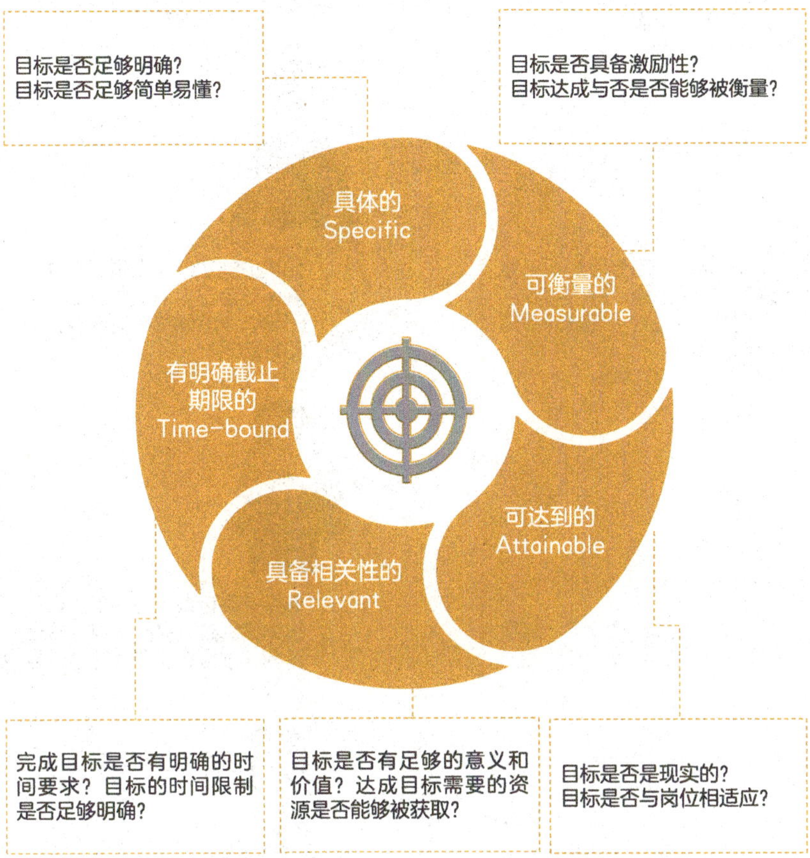
目标是否足够明确？
目标是否足够简单易懂？
目标是否具备激励性？
目标达成与否是否能够被衡量？
具体的
Specific
可衡量的
Measurable
有明确截止期限的
Time-bound
可达到的
Attainable
具备相关性的
Relevant
完成目标是否有明确的时间要求？目标的时间限制是否足够明确？
目标是否有足够的意义和价值？达成目标需要的资源是否能够被获取？
目标是否是现实的？
目标是否与岗位相适应？

小贴士

目标可评判、可衡量的背后是明确的达成条件和事实。例如“今天完成 A 产品市场价格调研报告”，要事先明确达到什么条件才能叫完成。这里的条件可以是字数方面的限制、内容方面的限制或呈现方式方面的限制。

3.6 拆解分层：用提问助目标实现

问题场景

1
这次我知道怎么制定目标了，我要把目标改成“两年内，每月至少学习两天岗位专业知识，职位再晋升一级”。
2
两年内，你做到“每月至少学习两天岗位专业知识”，就能保证“职位再晋升一级”吗？
…
3
那倒不是，学习专业知识主要是为了扩展思维、开阔眼界、提升技能，做到了这些并不能保证晋升。
4
如果你的次级目标和行动并不能保证自己实现主要目标，是不是该考虑调整一下次级目标和行动呢？
5
确实如此，您提醒我了，那我该怎么办呢？
6
你是不是可以思考一下，自己具体要制定什么次级目标或做什么，才能实现晋升这个主目标呢？

问题拆解

实现主目标需要次级目标和行动的支持，但什么样的次级目标和行动有助于主目标的实现需要事先想好。有些表面看上去有助于实现主目标的次级目标或行动，实际上很可能无助于主目标实现。这种情况需要及时调整。

工具与方法

工具介绍

帮助目标实现的提问

要实现目标，需要让与目标相关的次级目标和行动有助于目标实现。所以在制定目标后，应当先应问自己，什么样的次级目标或行动，有助于实现目标？在实现目标的过程中同样应当定期问自己类似的相关问题，防止自己最终无法实现目标。

帮助目标实现的 4 类提问

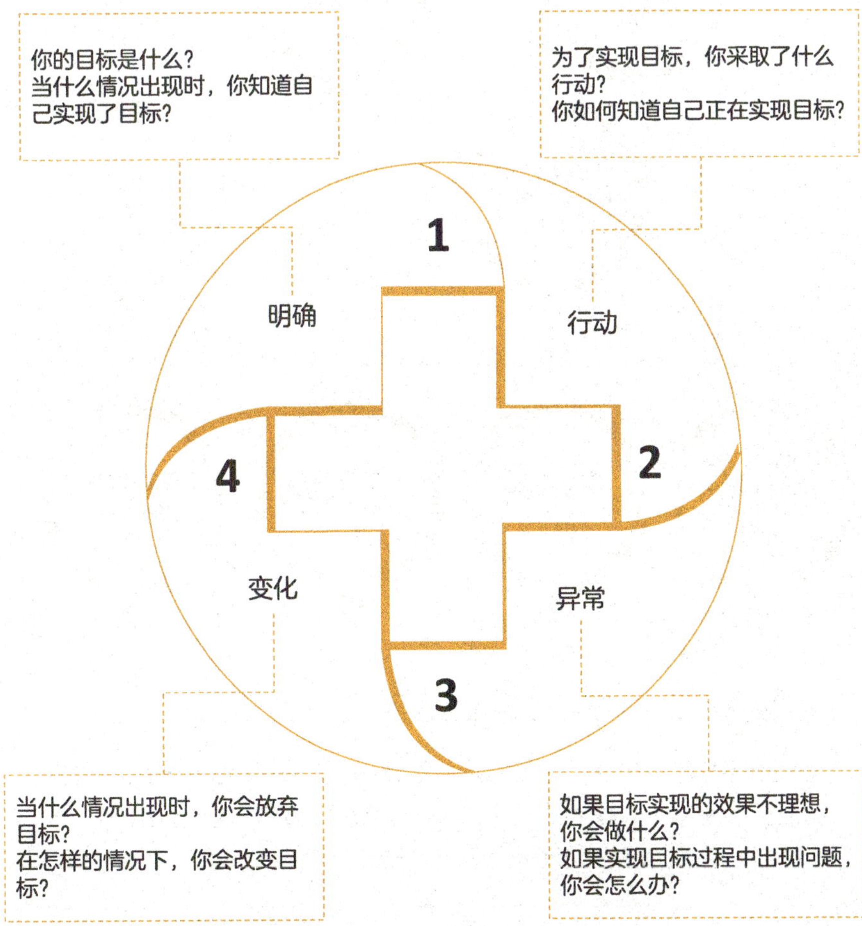
你的目标是什么？
当什么情况出现时，你知道自己实现了目标？
为了实现目标，你采取了什么行动？
你如何知道自己正在实现目标？
1
明确
行动
2
4
变化
异常
3
当什么情况出现时，你会放弃目标？
在怎样的情况下，你会改变目标？
如果目标实现的效果不理想，你会做什么？
如果实现目标过程中出现问题，你会怎么办？

应用解析

分解目标的案例

某餐饮公司近期业绩下滑，分析后发现原因是顾客满意度降低。顾客满意度低的原因有两个：一是上餐时间慢；二是菜品口味不稳定。公司决定要提高顾客满意度，并针对这个目标设置任务目标，逻辑如下。

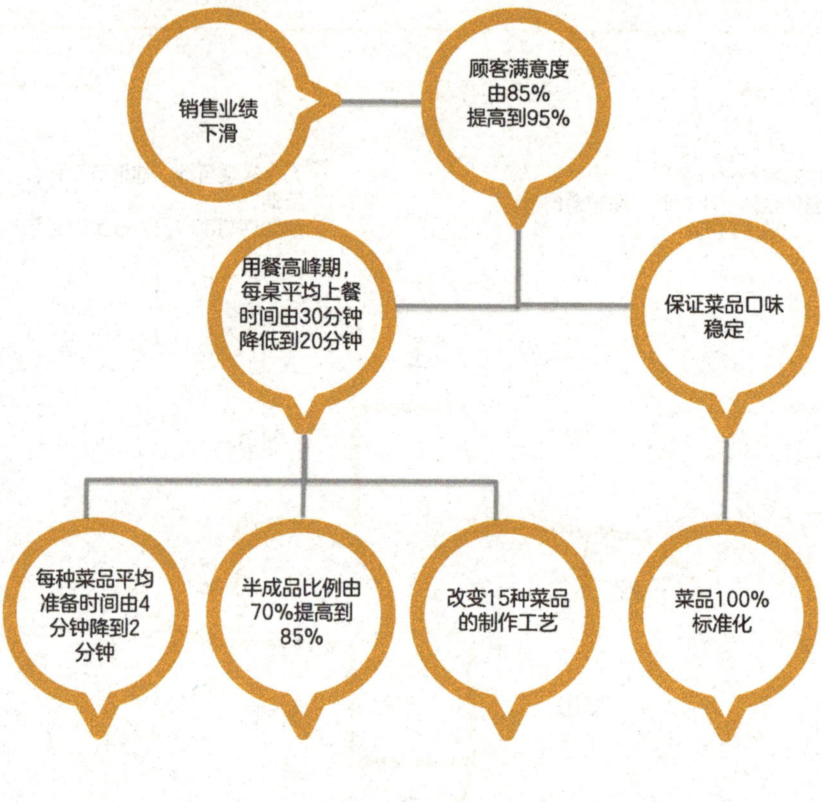

小贴士

分解目标就是将目标从主目标向次级目标推演的过程。分解目标的最终目的是将大目标落实到具体行动。如果每个次级目标都可以支持上层目标，当每个次级目标都实现后，最终最上层的目标就能够实现。

3.7 行为盘点：找到低效行动根源

问题场景

1
您提醒我了，要说实现晋升的目标，应该先做好工作。自己能力再强，工作做不好也不行啊。
2
做好工作也太笼统了，具体是怎么做好工作呢？
3
我想想……那应该是工作要有成果，要有比较高的绩效水平，才有助于我实现目标。
4
具体应该做什么？要达到什么水平呢？
5
我想如果我能在两年内让部门的业绩提升一倍，大概率就能得到晋升了！
6
太好了，这个思考逻辑就对了，不过还有一个问题：你平时的行动，哪些是和提升部门业绩相关性大的，哪些是相关性小的呢？

问题拆解

很多人平时看起来在行动、很勤奋、很努力，但却不能取得好的结果。究其原因，很可能是因为平时总在做低水平勤奋，行动无助于目标实现。要改变这种状态，就要尝试发现行动低效的原因，做出高效的行动。

工具与方法

工具介绍

行为盘点

有的行为对实现目标有帮助，这类行为属于有效的行为。

有的行为对实现目标没有帮助，这类行为属于无效的行为。

通过行为盘点，对日常的行为提问，可以发现有效的行为和无效的行为，刻意减少无效的行为，增加有效行为的权重，可以让行为更高效。

做行为盘点时，可以问：这个行为对我实现目标有帮助吗？我当前的行为会导向什么样的目标？

行为盘点示例

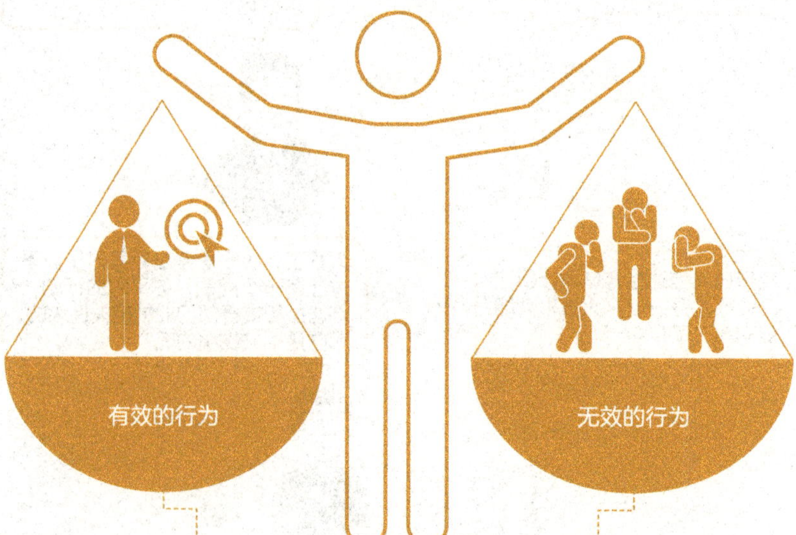

有效的行为有助于实现目标，相当于为实现目标添砖加瓦。

无效的行为做了之后，对实现目标毫无帮助，有时候还会起反作用。值得注意的是，这里的“有效”和“无效”都是基于完成目标的角度来划分的。

应用解析

行为盘点案例

某公司生产一线管理人员针对下属的关键行为进行盘点和记录。记录的内容包括：行为发生的背景；行为发生的环境；行为的有效性或无效性；行为的后果受个人控制的程度。有位管理人员对下属在协作性方面的记录如下。

虽然今天并没有轮到张三值班，但他还是主动留下来加班，协助同事完成了一份计划书，让公司第二天能够顺利与客户签订合同。

公司总经理今天来视察，张三为了表现自己，当众指出了李四和王五的错误，导致同事之间的关系紧张。

小贴士

低水平勤奋的源头往往源于采取行为前的“无意识”，和采取行为后的“不关注”。不刻意思考应该做出什么样的行为，不评估行为做出后有没有达到预期效果，就很容易出现诸多无效的行为。

3.8 构筑模式：借提问养成好习惯

问题场景

1
我确实发现自己平时的很多行为无助于实现目标。我有时候也有意识地想做一些有效的行为，但总管不住自己，我该如何管住自己呢？
2
你每天早晨起床后是不是都要洗脸和刷牙呢？
3
是啊，怎么忽然问这个？
4
你每天早晨洗脸和刷牙时需要自制力吗？
5
当然不需要了，早就习惯了。
6
说到要点了。让自己养成好的行为习惯，就不需要自制力来控制行为了。

问题拆解

人的自制力是有限的，像智商一样，每个人的自制力都差不多。如果每次都靠自制力来控制行为，自制力总有耗尽的时候。习惯是行为的保障，习惯可以让人的行为无意识地完成。养成一个好习惯，行动将会变得不再痛苦，不行动反而会觉得不适。

工具与方法

工具介绍

好习惯

好习惯不仅有助于实现目标，而且能自然而然地解决懒和拖延的问题。激情是一时的，但习惯是长久的。习惯时时刻刻影响着我们。坏习惯会一直拖我们的后腿，好习惯却能让我们受益终生。

好习惯可以分 3 个步骤来养成，分别是固定暗示、反复操作和即时奖励。只要找到适合自己的固定暗示、反复操作和即时奖励，在这 3 个维度提问，找到适合自己的养成好习惯的方法，就可以养成适合自己的好习惯。

养成好习惯的 3 个步骤

习惯是大脑的下意识行为，需要一个触发条件。
例如，每天早上洗脸刷牙动作的固定暗示也许是起床穿衣服的动作，或早晨来卫生间的动作。早晨起床穿上衣服就想洗脸刷牙，或早晨到了卫生间就想洗脸刷牙。每个人的固定暗示也许不同，但都可以用来触发相似的行为。

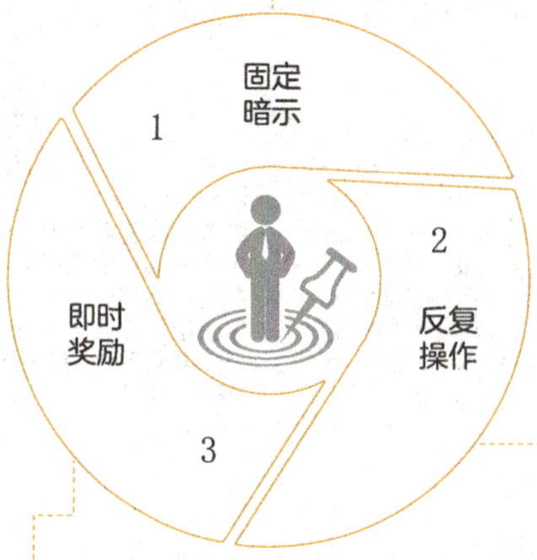

即时奖励对养成好习惯至关重要。这种奖励必须是大脑能感受到的。可以是物质满足，如好吃的食物，也可以是精神上的满足，如自豪感或成就感。
例如，要培养自己每天回家先完成作业的习惯，可以提前买一盒巧克力，每天回家先写作业，作业完成后就可以吃一块巧克力。

习惯行为的顺序要尽可能保证每次都一样，程序都相同，至少起始操作一样。这样反复操作，就可能成为习惯。
例如，上课准备课本时，先从书包中取出教学用书，再取出对应的练习册，最后取出笔记本。假如每次都如此，大脑不需要额外做判断，就很容易养成习惯。

应用解析

养成好习惯的 3 个阶段

这个阶段表现为“不经意，自然”，不需要意识控制。这个时候基本可以实现下意识地做事。在这个阶段，习惯即使被偶尔中断，也可以调整后很快恢复。但要避免连续、长时间被中断，不然之前养成习惯的努力可能会前功尽弃。

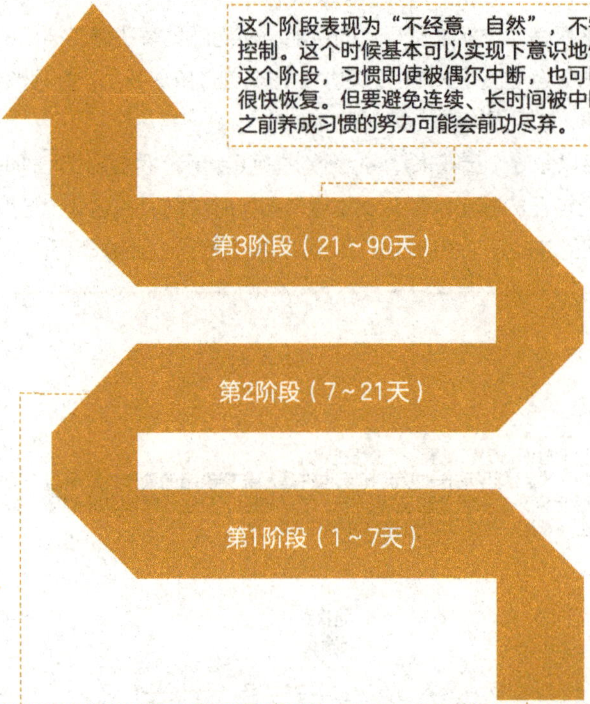

这个阶段的表现为“刻意，自然”，但还需要意识控制。在这个阶段，我们需要每天刻意提醒自己，如定闹钟、看提示语。这个时候会觉得好像偶尔放松一下也没事。为避免这个问题，可以让别人监督。一旦出现，及时纠正。

这个阶段的表现为“刻意，不自然”。这个阶段内心最挣扎，尤其当想养成好习惯的冲劲消失之后，很容易懈怠。此时要提醒自己：哪怕是微小的习惯，养成也没那么容易，我们需要拿出10倍的时间和精力来完成。

小贴士

一个好习惯只有经过这 3 个阶段，才能被真正养成，变成本能和下意识的反应；否则，即使最开始热血沸腾、摩拳擦掌，也可能是“3 分钟热度”。要尝试养成好习惯，可以先从容易的开始。当成功养成一个好习惯后，就会更有信心养成更多好习惯了。

3.9 催化系统：借提问促行动落地

问题场景

1
我有一年给自己设定了读30本书的目标，最后却没完成，说来真惭愧。
2
这个目标是不错，但你缺少一些压力，所以很容易完不成。
3
那我应该怎么办呢？
4
你下次可以把这个目标改一改，改成在公开场合承诺，一年向大家分享30本书的读书心得。
5
这个方法听起来不错，做了这个承诺，我要是完不成就太丢脸了。
6
承诺是用输出倒逼输入，利用外部压力给自己施压。

问题拆解

一定的压力是产生行动的动力。如果某个目标没有外部压力，缺少监督，很容易无法实现。这时候可以尝试逼自己一把，在公开场合向别人做出承诺，让周围的人监督自己完成。

工具与方法

工具介绍

承诺

承诺是行动的催化剂，能有效促进行动。当很多行动难以落实时，可以尝试向别人做出承诺，通过外部环境给自己压力，从而实现目标。

运用承诺时要注意，有些承诺容易兑现，有些承诺不容易兑现。发掘那些容易兑现的承诺，总结和发掘其中的原因并加以应用，有助于不断实现更多目标。

保证行动承诺的 3 步提问

有哪些承诺是自己比较容易兑现的？
当自己对哪些人做承诺时，承诺更容易兑现？
什么时候做承诺更容易兑现？

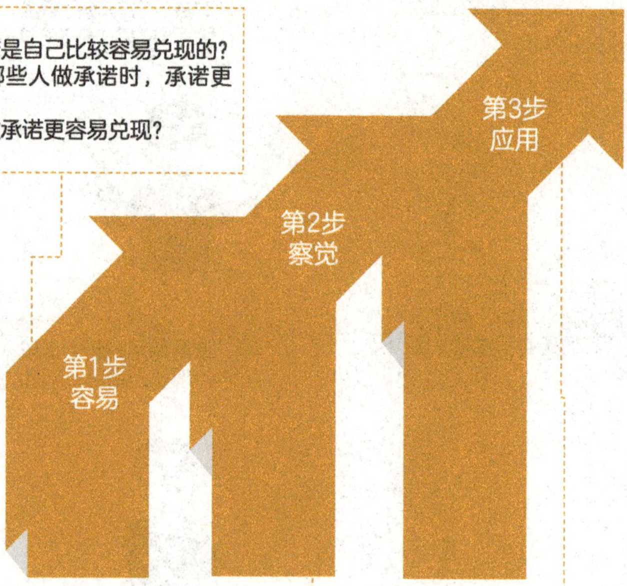

为什么这类承诺更容易兑现？
是什么让自己很容易兑现这类承诺？
在兑现这类承诺的过程中，自己是如何做的？

如何在未来应用这类比较容易兑现的承诺来实现自己的目标，促进自己采取行动？

应用解析

运用承诺行动的 5 个步骤

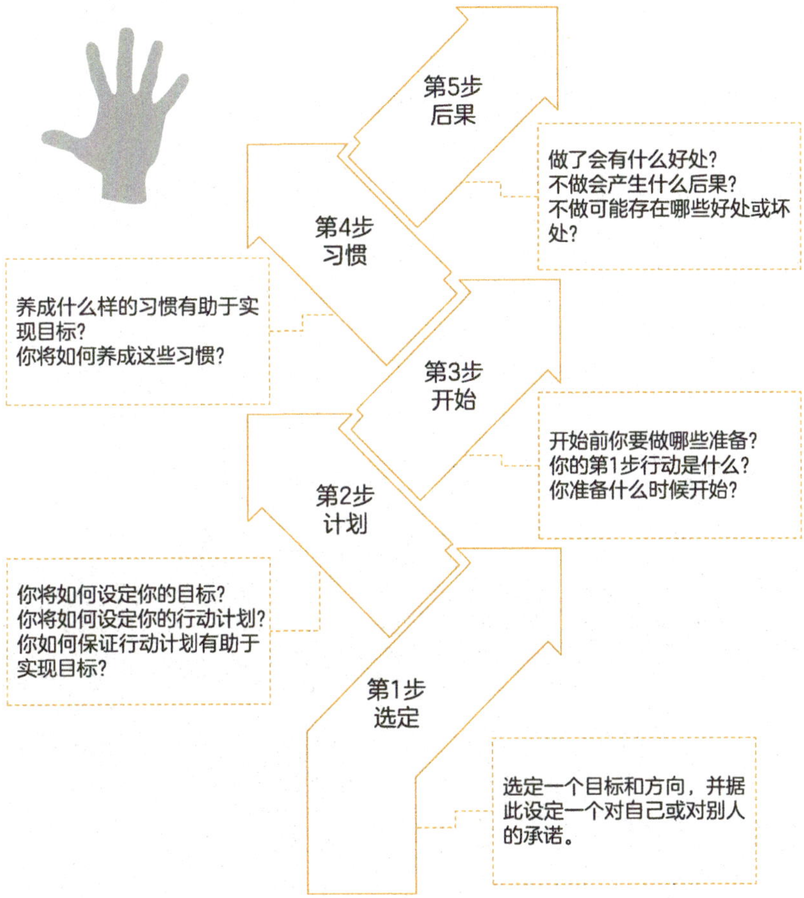
第5步
后果
做了会有什么好处？
不做会产生什么后果？
不做可能存在哪些好处或坏处？
第4步
习惯
养成什么样的习惯有助于实现目标？
你将如何养成这些习惯？
第3步
开始
开始前你要做哪些准备？
你的第1步行动是什么？
你准备什么时候开始？
第2步
计划
你将如何设定你的目标？
你将如何设定你的行动计划？
你如何保证行动计划有助于实现目标？
第1步
选定
选定一个目标和方向，并据此设定一个对自己或对别人的承诺。

小贴士

大承诺是从小承诺开始的。刚开始运用承诺促进行动时，可以先做一些自己能兑现的小承诺。避免一开始就做大承诺而无法兑现，让自己丧失信心。小承诺的兑现不仅有助于建立信心，而且能帮助自己认清自己能力的边界。

04

信息挖掘：如何用提问获得知识

本章背景

1
在我的认知里，提问就是用来解决不懂的问题的，所以有个词叫“不懂就问”嘛。
2
获得知识确实是提问的重要作用之一，但并非唯一作用。
NO!
3
这一点我还是有认知的。您又是怎么看待提问的呢？
4
这本质上是因为人与人之间的信息不对称，所以可以通过提问让信息互通。
5
通过提问获得知识还是很简单的。
6
那可不一定，这要看想获得的是什么知识了。如果不懂得根据不同的知识类别有针对性地提问，很可能问出无效的问题。

背景介绍

根据不同类型的知识需求，要有效获得知识，有 9 类不同的、有针对性的提问方式，分别是对流程步骤提问、对发展过程提问、对概念定义提问、对预测推理提问、对组成结构提问、对因果关系提问、对客观事实提问、对原则规律提问和对区别差异提问。

4.1 明确方法：对流程步骤提问

问题场景

1
为什么我做的员工培训总达不到预期效果呢？
2
也许你应该问，正确实施员工培训的流程或步骤是什么？你有没有发觉咱们这两个问题的差异？
3
我感觉好像差别挺大的，但又说不出差别在哪里。
4
你问的问题，并没有导向性地解决这个问题，而我刚才说的这个问题，是在尝试解决问题。
5
您是基于什么问出这个问题的呢？
6
事情没做好，当然要先问事情应当怎么做才能做好了，这是关于流程步骤类的问题。

问题拆解

当某个人在某件事上没做好时，很可能因为这个人不知道如何做，也就是没掌握做好这件事的流程或步骤。此时可以先针对流程步骤进行提问。只有在确定不是流程步骤类的问题后，才可以针对其他维度进行提问。

工具与方法

工具介绍

流程步骤类提问

流程步骤类提问是对于某类事物操作过程的提问。

当期望学习某项技能时，应当问流程步骤类问题。

当期望获取的知识是某项任务的步骤时，应当问流程步骤类问题。

当某件事的可操作性比较强，但当前却不知道操作方法时，同样应当问流程步骤类问题。

流程步骤类问题是指向“How”的问题，即聚焦于“如何做”。

流程步骤类提问对应的回答的 4 个特征

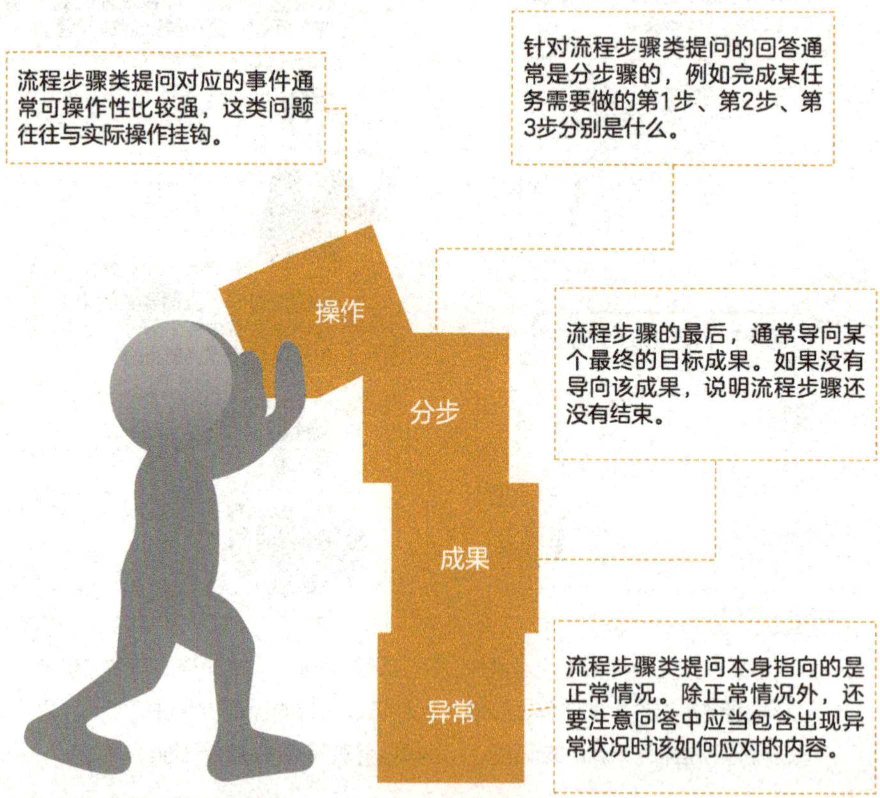
针对流程步骤类提问的回答通常是分步骤的，例如完成某任务需要做的第1步、第2步、第3步分别是什么。
流程步骤类提问对应的事件通常可操作性比较强，这类问题往往与实际操作挂钩。
操作
分步
流程步骤的最后，通常导向某个最终的目标成果。如果没有导向该成果，说明流程步骤还没有结束。
成果
异常
流程步骤类提问本身指向的是正常情况。除正常情况外，还要注意回答中应当包含出现异常状况时该如何应对的内容。

应用解析

流程步骤类提问案例

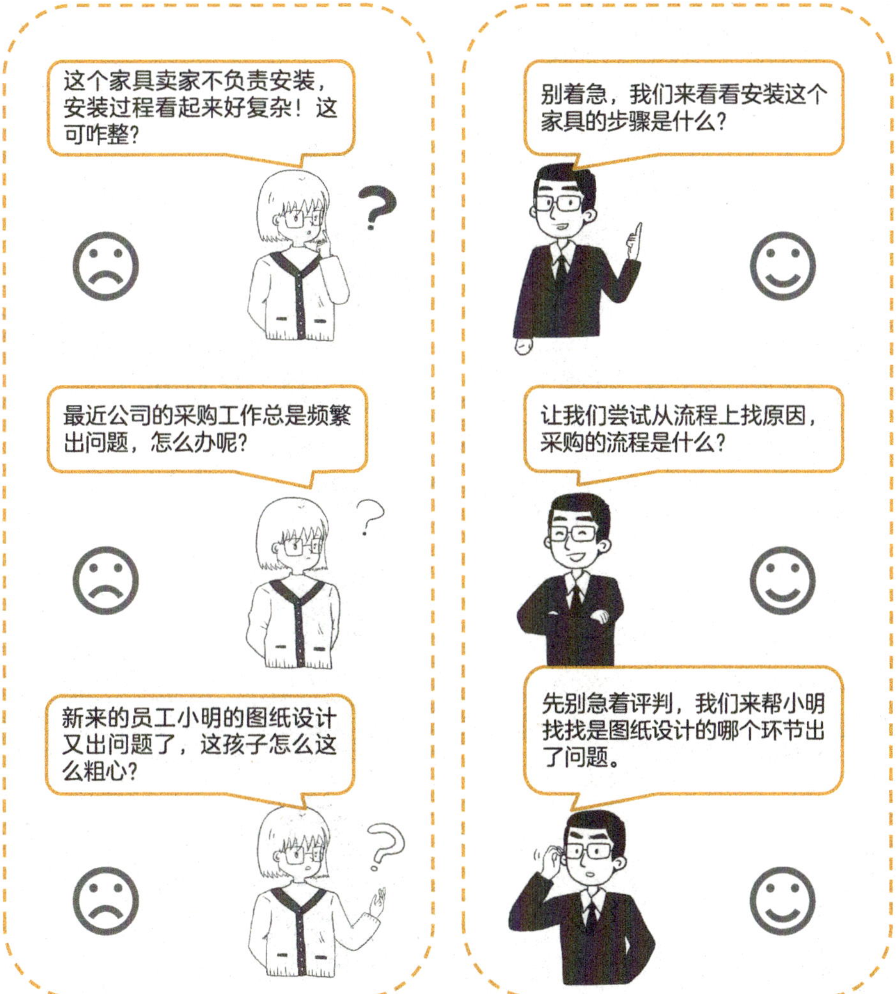
这个家具卖家不负责安装，安装过程看起来好复杂！这可咋整？
别着急，我们来看看安装这个家具的步骤是什么？
最近公司的采购工作总是频繁出问题，怎么办呢？
让我们尝试从流程上找原因，采购的流程是什么？
新来的员工小明的图纸设计又出问题了，这孩子怎么这么粗心？
先别急着评判，我们来帮小明找找是图纸设计的哪个环节出了问题。

小贴士

针对流程步骤类提问的回答，应当对应某个有步骤的操作方法。如果针对这类提问的回答是“是什么”或“为什么”，而非“如何做”，则可以重新申明问题，要求对方回答“如何做”。

4.2 发现经历：对发展过程提问

问题场景

1
正好我这里有关于某件事的进展情况需要问同事，这下可以用上流程步骤类提问了。
2
不对吧，你准备怎么问呢？
3
就是问同事这件事一共有多少步骤啊？
4
你想问的不是事情的进展吗？问这件事有多少步骤，怎么能知道事情的进展呢？
5
那我应该怎么问呢？
6
你应当进行发展过程类提问，而非流程步骤类提问。

问题拆解

流程步骤类提问与方法和动作有关，而发展过程类提问与时间和进展有关。二者最大的不同之处在于，流程步骤类提问对应的回答是在操作层面的操作步骤；而发展过程类提问对应的回答是某个事物的发展变化过程。

工具与方法

工具介绍

发展过程类提问

发展过程类提问是对事物转变、发展要经历的过程进行的提问。

当询问某事物的历史变化、发展历程或经历事件时，都可以用发展过程类提问。

发展过程类提问的典型问法是“经历了什么”“发生过什么”“如何发展成为当前状态的”。

除了问过去之外，发展过程类提问还可以针对现在和未来。

发展过程类提问的 3 个维度

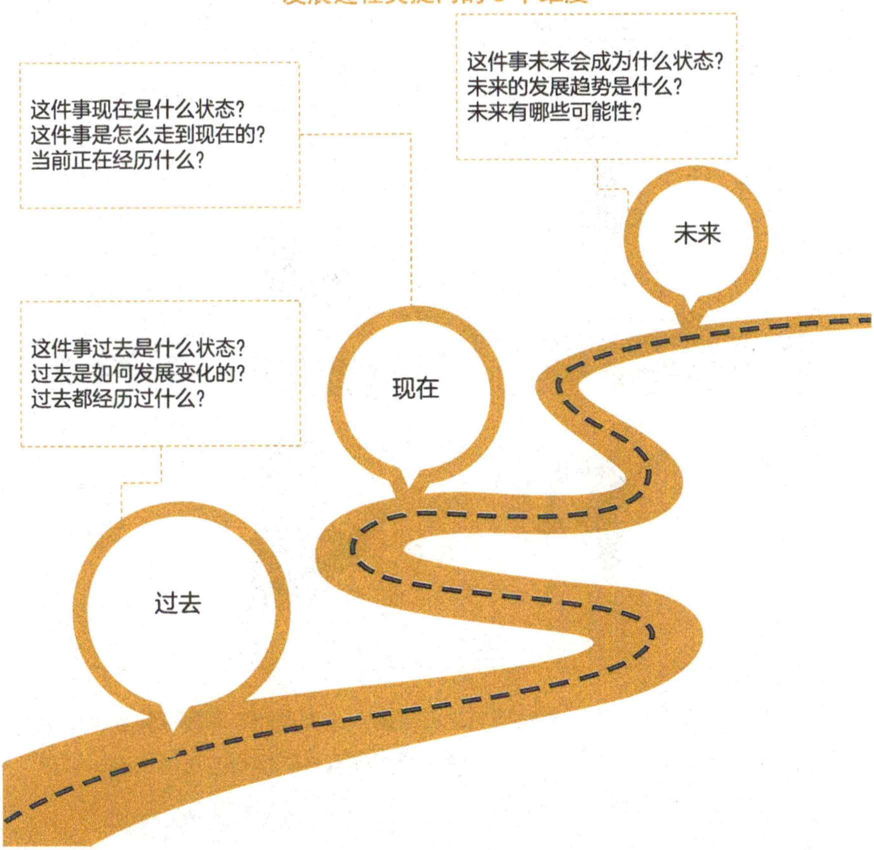
这件事未来会成为什么状态？
未来的发展趋势是什么？
未来有哪些可能性？
这件事现在是什么状态？
这件事是怎么走到现在的？
当前正在经历什么？
未来
这件事过去是什么状态？
过去是如何发展变化的？
过去都经历过什么？
现在
过去

应用解析

发展过程类提问案例

这家公司发展得真好，怎么发展起来的？
这位董事长从零开始创业能走到今天真不容易，不知道是怎么做的？
印象中这段历史好像挺有意思的，具体是哪里有意思来着？我不记得了。
这家公司发展过程中都经历过哪些关键时刻呢？
董事长，您从零开始创业，您的公司到今天成为一家每年拥有百亿销售规模的上市公司。公司发展过程中一定少不了辛苦，您这一路是如何走来的呢？
在这段历史时期，都发生过哪些有趣的故事呢？

小贴士

发展过程类提问主要是对经历进行了解。这类提问不需要落实到操作某类事件的具体步骤，但如果对经历中某个具体事件的操作方法感兴趣，则应当用流程步骤类问题进一步追问。

4.3 理解内涵：对概念定义提问

问题场景

1
我开了家店，现在是我爱人在打理，效益一直不好，在这种情况下，该怎么办呢？
2
你说的效益具体指什么呢？
3
就是开店的利润啊。
4
你说的利润是税前利润还是税后利润？你说的不好，具体指哪方面不好？
5
是税后利润，现在税后利润是负的，每个月都在亏钱，希望能扭亏为盈。
6
你看，通过对概念做追问，咱们可以明确待解决的问题究竟是什么。

问题拆解

人际沟通中，人们总免不了表达一些模棱两可的概念。对于这些概念，不同人的理解是不同的，这时候可以通过概念定义类的提问，明确概念的定义，让双方都能充分理解和认知到这类概念在表达什么。

工具与方法

工具介绍

概念定义类提问

概念定义类提问主要是为了明确某事物的具体定义，问出这类问题的主要目的通常是让人们能够正确地认识或识别某个事物。

概念定义类提问主要是明确“What”，也就是“是什么”。

概念定义类提问的典型问法是“是什么含义”“具体指的是什么”。

概念定义类提问对应回答的 3 个特征

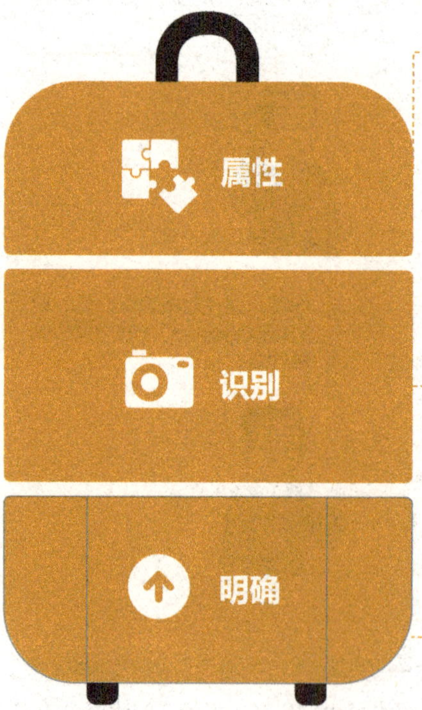

每种明确的事物都有其特定的属性，概念定义类提问的回答应表达清楚这种属性。

概念定义类提问的回答应当有助于清晰明确地识别出事物，尤其是识别不同事物的区别之处。

概念定义类提问的回答不能有歧义，不能让人产生多种不同的理解。

应用解析

概念定义类提问案例

我觉得你这件事情做得不好。
你如何定义好与不好？好具体指什么？不好具体指什么？
我们应该心系客户。
心系客户具体是什么意思？是要达到一种什么状态？
老师要重视学生。
重视学生，具体指的是什么？是要为学生做什么？

小贴士

人们日常沟通时存在大量围绕“理念”或“价值观”层面的沟通。这类内容更像是一种“口号”，而非可实施、可落地的具体行为。这种情况出现时，需要我们明确概念和定义，将其具象化。

4.4 立足未来：对预测推理提问

问题场景

1
我的店以这种经营状态运行，不知道还能撑多久。
2
其实能撑多久是可以推算出来的。
3
怎么推算呢？
4
你可以问“当前平均每个月亏损的金额是多少”以及“自己能够承受的最大亏损金额是多少”。这样就能算出来，如果情况没有变好，这家店还能开多久。
5
这个问题我之前还真没想过，但确实应该想清楚，不然每天都得过且过，没有紧迫感。
6
不仅如此，如果你想到了解决方案，还可以问“当解决方案实施后，预估销售额能达到多少”。

问题拆解

很多时候，未来并不是不可预测的，很多人只是没有预测未来的思维习惯。想要了解未来可能发生什么，可以用预测推理类提问。根据当前信息和现有条件，只要掌握足够的相关数据，未来会发生什么很可能是有迹可循的。

工具与方法

工具介绍

预测推理类提问

预测推理类提问是通过提问，尝试搞清楚事情的变化规律，预测事情未来的趋势，探讨事物发展的可能性。

要想知道事物未来可能的走向，可以进行预测推理类提问。

预测推理类提问的典型问法是“未来有哪些可能性”“未来会发生什么”。

预测推理类提问的 4 类延伸

未来发展的可能性都有哪些？
事情可能向哪些方向发展？

未来的变化趋势如何？
每单位时间（分/时/天/周/月/年）的变化数量是多少？

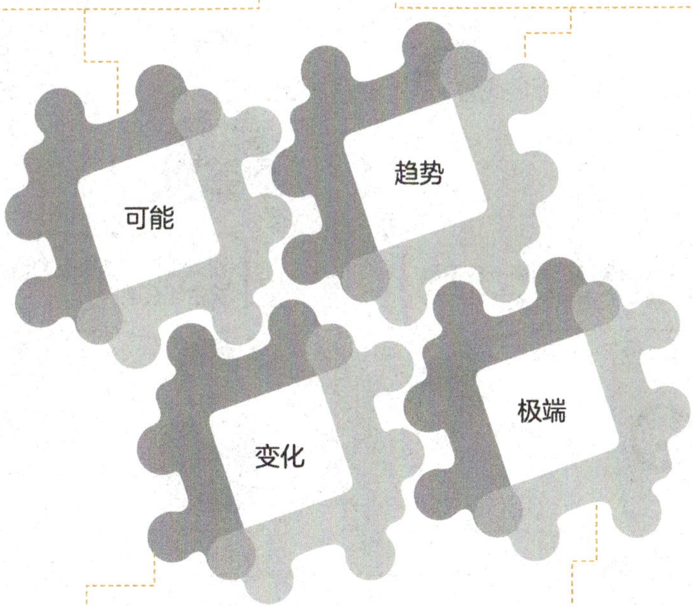

如果当前状态不变化，会怎么样？
如果当前状态发生了变化，会出现什么情况？

未来最好的情况会是什么样？
未来最差的情况会是什么样？

应用解析

预测推理类提问案例

现在这个问题太严重了，到了不得不改的地步了。
如果当前这种状态不改变，未来会发生什么呢？
我发现最近客户在大量流失，怎么办呢？
导致客户流失的原因是什么呢？如果这个原因未改变，未来客户数量会有什么样的变化呢？
现在这两个部门沟通一直不顺畅，真不知道该怎么办？
如果我们把两个部门合并，会发生什么呢？

小贴士

当没有趋势的相关数据支持，不能据此做相对科学的预测判断时，同样可以进行预测推理类提问。这时候，可以运用“假如思维”，也就是“如果……会发生什么……”。这里的如果代表着事物发展的不同可能性。

4.5 认知拆分：对组成结构提问

问题场景

1
我店的利润增长问题要怎么解决呢?
2
我们可以用组成结构类提问进一步追问。
3
具体怎么应用呢?
4
我们可以进一步提问，看看利润是由哪些因素组成的；或者我们可以问 “利润可以被拆分成哪些因素”。
5
销售额减成本和费用就是利润啊，这个我本来也知道，有什么用呢?
6
你可以接着问，“销售额可以拆分成哪些因素”以及“成本和费用可以拆分成哪些因素”。

问题拆解

要解决某个问题，可以将问题拆分，研究这个问题中对应要素是由哪些因素组成的，或者哪些因素的变化直接影响着该要素的变化。进行组成结构类提问，有助于拆分和关联要素之间的组成关系。

工具与方法

工具介绍

组成结构类提问

要研究某类事物的分类情况、组成情况、层级情况以及与其他事物的关系情况，可以进行组成结构类提问。

组成结构类提问的典型问法是“某事物是由哪些要素构成的”“某事物是由哪些因素作用后产生的”。

组成结构类提问的 4 个维度

这个事物都有哪些分类呢？
这些分类分别是什么呢？

这个事物是由哪些要素构成的？

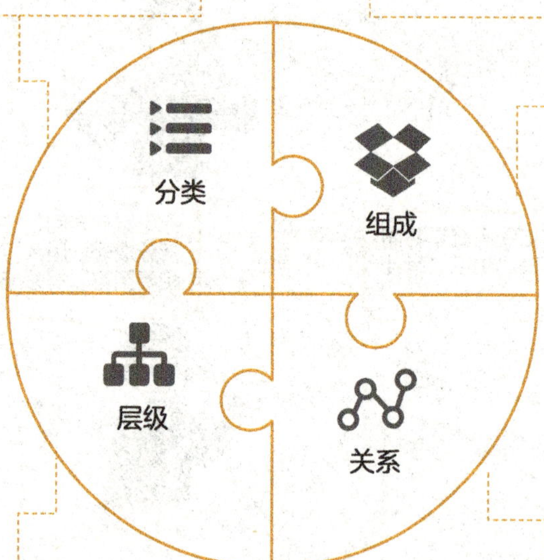

这个事物如果细分，可以分成哪些层级呢？这些层级再往下细分，还可以分成哪些层级呢？

这个事物的组成要素之间有什么关系呢？这些关系之间有什么联系呢？

应用解析

组成结构类提问案例

如何提高客流量？
如何提高顾客满意度？
如何达成销售业绩？
客流量是由哪些要素组成的呢？
顾客对产品的满意度都体现在哪些维度呢？目前顾客主要对哪些方面不满意呢？
销售业绩都和哪些因素相关呢？这些因素如何作用，有利于达成销售业绩呢？

小贴士

组成结构类提问可以帮助我们更清晰地认识事物，更全面地解决问题。很多时候，我们以为自己了解某个事物，但当深入挖掘这个事物的组织结构关系时，会发现自己可能根本不够熟悉这个事物的组成关系。

4.6 理清逻辑：对因果关系提问

问题场景

1
现在看起来，我店利润差的主要问题是销售额比较低。销售额低又主要是由于客流量少造成的，接下来该怎么办呢？
2
接下来我们可以问“为什么当前的客流量少”或者“是什么原因造成客流量少”。
3
那一定是因为产品价格没有竞争优势呗。我看有些卖同类产品的店，价格比我们店的低，顾客就不少。
4
这真的是你店客流量少的真实原因吗？
5
这么说，应该还有别的原因，我再想想。
6
引起客流量少的因素可能有很多，除了表面上看到的，你可以问“还有什么原因”，也就是多问“为什么”。

问题拆解

没有以数据、事实、分析研究和不断追问为依据，不能靠“拍脑袋”得出事物之间的因果关系。探寻事物的因果关系，要十分谨慎。想要得出两者之间的因果关系，必须要有足够的证据支撑，而且要排除有第三个隐含变量导致这两个变量变化的可能性。

工具与方法

工具介绍

因果关系类提问

要想搞清楚事物之间的因果关系或相关关系，可以做因果关系类提问。

因果关系类提问可以帮助人们搞清楚事物发生的原因，可以理清事情背后的逻辑关系。

因果关系类提问的典型问法是“为什么……”“如果……会发生什么呢”。

对因果关系提问的 3 类延伸

对原因

这件事为什么会发生？
发生这件事的原因都有哪些？
除此之外，还有呢？
这些原因是真实的吗？

对结果

产生这样的结果是什么原因造成的呢？
当哪些事情发生时，会产生这样的结果？
某件事情发生时，一定会产生这样的结果吗？

做排除

这些原因当中哪些不是产生结果的真正原因？
就算哪些原因不出现，结果依然可能发生？
哪些原因和结果其实是相关关系而非因果关系？

应用解析

因果关系类提问案例

员工离职率持续升高，该怎么办？
员工离职排前三的原因有哪些呢？
顾客满意度一直比较低，如何提高顾客满意度？
顾客主要因为什么不满意？排前三不满意的事项是什么呢？
员工的敬业度比较低，怎么提高员工敬业度？
员工的敬业度低是什么原因造成的呢？

小贴士

因果关系类提问的核心目的是解决问题。生活中，相关关系是比较常见的，相较之下，因果关系并不常见。因果关系类提问最终并非一定要严格得出事物因果关系的结论才有价值，很多时候，能得出相关关系的结论，同样能起到解决问题的作用。

4.7 总结本质：对客观事实提问

问题场景

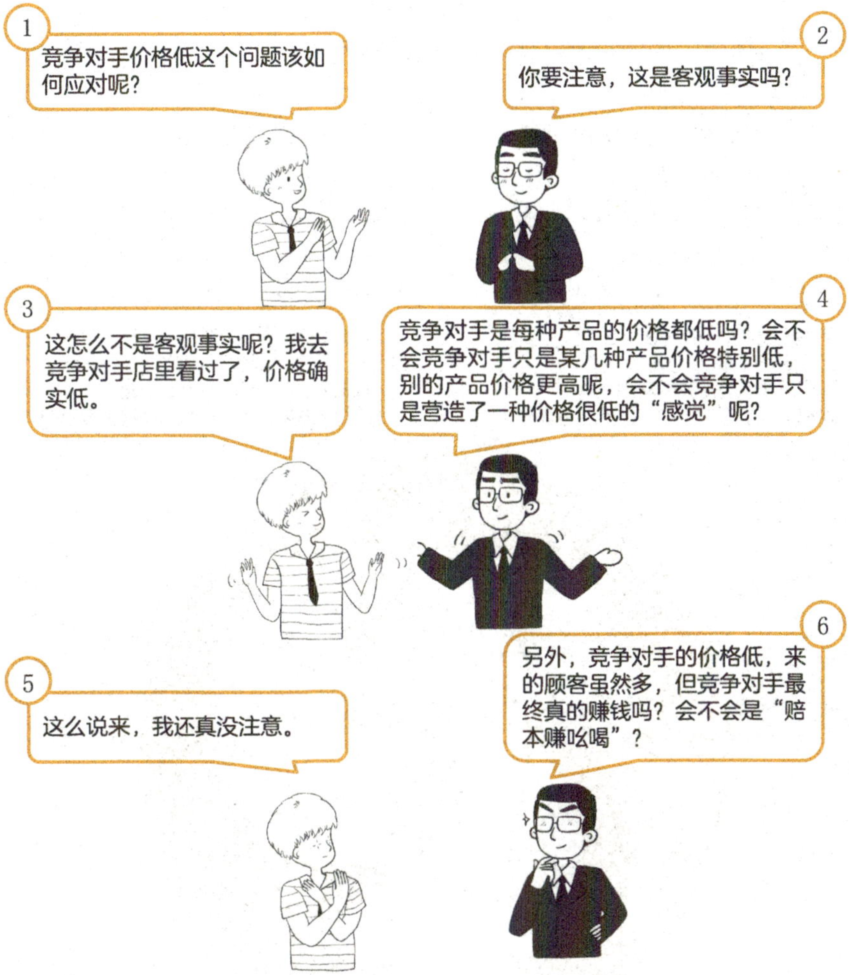
1
竞争对手价格低这个问题该如何应对呢？
2
你要注意，这是客观事实吗？
3
这怎么不是客观事实呢？我去竞争对手店里看过了，价格确实低。
4
竞争对手是每种产品的价格都低吗？会不会竞争对手只是某几种产品价格特别低，别的产品价格更高呢，会不会竞争对手只是营造了一种价格很低的“感觉”呢？
5
这么说来，我还真没注意。
6
另外，竞争对手的价格低，来的顾客虽然多，但竞争对手最终真的赚钱吗？会不会是“赔本赚吆喝”？

问题拆解

事物表象给人带来的感受不一定是事实。感受是主观的，而事实是客观的。要了解事物背后的事实，可以通过围绕事物发生的本质不断提问实现。透过现象看本质，看到事物背后真实的样子，需要针对客观事实提出问题。

工具与方法

工具介绍

客观事实类提问

客观事实类提问是针对事物的本质和真实状态的提问，是对客观上发生了什么进行的提问。

客观事实类提问的典型问法是“……背后的本质究竟是什么”“……的真相是什么”“……的事实是什么”。

对客观事实提问的 3 类延伸

这到底是个什么问题？
这件事的本质究竟是什么？
解决这个问题的根本是什么？
客观上讲，这个问题是怎么回事？

为什么这个问题值得解决？
解决这个问题后有什么好处？
不解决这个问题有什么坏处？
这个问题解决后，什么问题也就解决了？

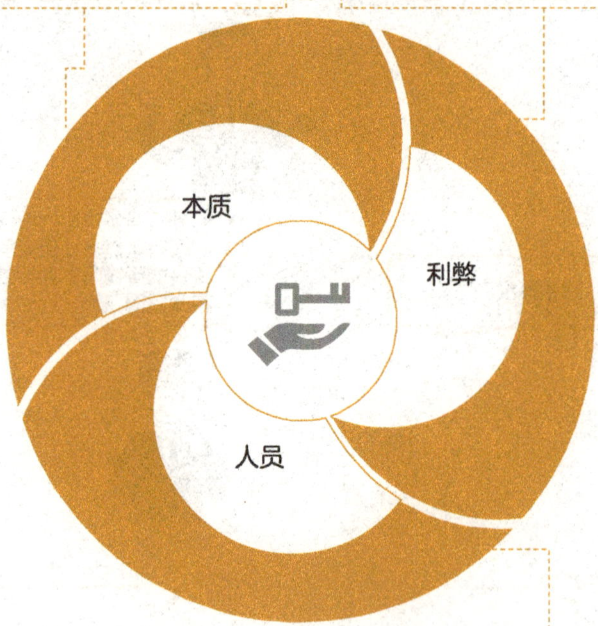

这个问题解决后的受益人是谁？
谁跟解决这个问题直接相关？
谁有助于这个问题的解决？
要解决这个问题还需要找谁？

应用解析

客观事实类问题案例

这项工作我已经教小明3次了，他还是没做好，他怎么这么笨！
这项工作我已经教小明3次了，他还是没做好，究竟是哪里出了问题呢？
小明上班时间又在看手机，估计又在那儿玩游戏呢！
小明上班时间又在看手机，他在用手机做什么呢？
小明这周已经迟到3次了，他对工作真不上心！
小明这周已经迟到3次了，究竟是怎么回事呢？

小贴士

养成进行客观事实类提问的习惯，要养成不把对客观事件的评价抽象到对人的人格或品质进行评价的习惯，以及不把对事的评判抽象到对人所持有的理念或价值观上进行评价的习惯。总之就是要就事论事，聚焦于事，而非聚焦于人。

4.8 共性应用：对原则规律提问

问题场景

1
我要怎么做，才能增加新客户的数量呢？
2
这个问题很难一概而论，不同的店，不同的做法，效果都不一样，你可以多尝试几种，然后为自己的店找规律。
3
我之前还真试过不少方法，有的有效，有的效果不明显。
4
根据你以往的经验，做什么活动可以增加新客户的数量呢？
5
你这冷不丁一问，我还真回答不上来，主要因为这方面的规律我之前没总结过。
6
那你可以总结一下规律，根据规律来安排下一步的行动计划。

问题拆解

生活中存在很多原则和规律，通过提问发掘出这些原则和规律，并依据这些原则和规律采取行动，有助于更高效地解决问题。原则和规律有通用的，也有针对特定领域而独有的，区分出通用的和独有的，能更加精准地解决问题。

工具与方法

工具介绍

原则规律类提问

原则规律类提问是对事物背后遵循的原则和规律进行的提问。

原则规律类提问有 4 类延伸，分别是能做什么、不能做什么、该做什么和不该做什么。

原则规律类提问的典型问法是“……的原则是什么”“……的规律是什么”“……的要求是什么”。

原则规律类提问的 4 类延伸

这件事能这样做吗？
这样做是被允许的吗？
这件事还可以有哪些做法？

哪些事情不可以做？
什么事是绝对不能做的？
做了什么就一定会出某种问题？

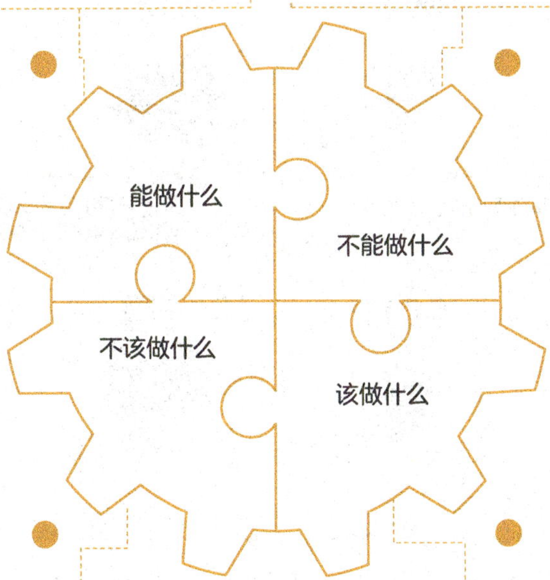

哪些事情不该做？
不建议做的事情有哪些？
做了哪些事会出现不好的后果？

这件事应该怎么做？
我该为这件事做些什么呢？
做什么能保证这件事完成呢？

应用解析

原则规律类提问案例

为什么我有个朋友一再触碰我的底线呢！
你有没有告诉过对方你的原则和底线是什么呢？
员工总是不能按照我要求的标准来做事，真无奈！
你有向员工讲清楚你要求的标准具体是什么吗？
我做这件事总是出错，怎么回事？
从你曾经犯过的错误中，我们可以总结出哪些规律来呢？

小贴士

职场中，要养成将原则说在前面的习惯。如果事先没有告诉对方自己的原则是什么，就不能怪对方没有尊重自己的原则。同样，反过来，如果对方没有事先说明自己的原则、规律、要求，可以提前问对方。

4.9 决策识别：对区别差异提问

问题场景

1
为了提高业绩，我想做个促销活动，一种是满减打折，一种是买赠，哪种促销形式更好呢？
2
这两种促销形式有什么不一样呢？
3
一种是买够一定的金额，就可以享受打折优惠；一种是将某种产品买够一定金额，可以赠送其他产品。
4
你店当前的产品库存情况怎么样呢？
5
我店当前产品的库存量比较多、品类杂，而且有不少临期产品。
6
听起来做买赠促销的效果会更好一些，这样可以帮助消化店里剩余的库存产品。

问题拆解

在两种方案中做出抉择，要知道这两种方案间有哪些不同。可以通过提问，发现这些不同之处指向哪些方向、可能产生哪些不同的结果，从而决定选择哪种方案。区别差异类提问正是为实现这一目标而存在的。

工具与方法

工具介绍

区别差异类提问

区别差异类提问是探究事物之间相同之处和不同之处的提问。

区别差异类提问特别适合用在做比较的场合，其通过发现事物之间的区别和差异，得出结论或做出抉择。

区别差异类提问的典型问法是“……之间有什么相同之处”“……之间有什么不同之处”。

区别差异类提问的两大维度

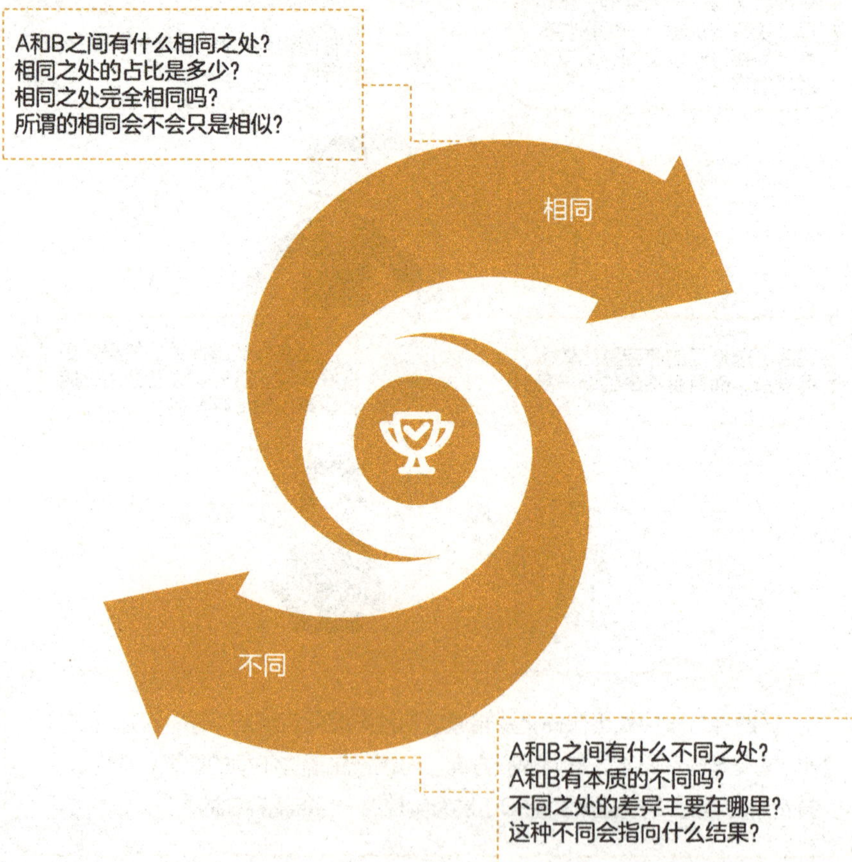
A和B之间有什么相同之处？
相同之处的占比是多少？
相同之处完全相同吗？
所谓的相同会不会只是相似？
相同
不同
A和B之间有什么不同之处？
A和B有本质的不同吗？
不同之处的差异主要在哪里？
这种不同会指向什么结果？

应用解析

区别差异类提问案例

A方案和B方案，我该选哪个？
你认为A方案和B方案之间主要存在哪些不同呢？
我家想买一把椅子，该选什么款式呢？
椅子都有哪些分类呢？这些分类有什么样的功能特性和搭配特征呢？
这两款手机的价格差不多，我应该买哪一款呢？
这两款手机在功能上有什么不同呢？

小贴士

获得知识的 9 类提问可以单独使用，也可以视情况结合在一起使用。日常沟通中，人们最容易犯的错误是该问 A 类问题的时候，问成了 B 类问题，结果达不到提问的目的。例如想知道某件事该怎么做，应当做流程步骤类提问，而非概念定义类提问。

05

根治症结：如何用提问解决问题

本章背景

1
我最近发现员工的工作积极性普遍比较差，我应该怎么解决这个问题呢？
2
你可以通过提问来解决这个问题。
3
啊？我现在不是已经在向你提问了吗？
4
不是向我提问，我又不是你团队里面工作积极性差的员工，怎么能给出有效的答案呢？你要向这个问题提问。
5
向问题提问？什么意思？
6
提问可以用来解决问题。解决问题的方式，就是向问题提问。

背景介绍

解决问题时，可以通过提问的方式来明确真问题，发现众多问题的优先级，找到问题背后的逻辑关系，理清问题的逻辑顺序，通过提问激发创新和找到解决方案，并通过提问将方案最终落实到行动。

5.1 发掘核心：提出问题到解决问题

问题场景

1
那对于“员工的工作积极性普遍比较差”这个问题，我应该怎么向问题提问呢？
2
首先，你要将问题拆解。这个问题中包含“员工”和“工作积极性普遍比较差”两大要素。
3
是啊，然后呢？
4
先围绕“员工”这个要素提问，你可以问“是哪些员工”“这些员工有什么共同特征”“如何与这些员工有效沟通”等问题。
5
原来如此，这些问题确实值得深挖。
6
再围绕“工作积极性普遍比较差”这个要素提问，你可以问“工作积极性普遍比较差的具体表现是什么”“是什么原因造成员工的工作积极性普遍比较差”。

问题拆解

只有明确待解决的问题，才能有效地解决问题。要解决问题，首先可以向问题本身提问，找到待解决的问题究竟是什么。提问的方式可以是将问题拆解成不同要素，发掘每个要素内部的根本问题。

工具与方法

工具介绍

通过提问解决问题的 4 个步骤

通过提问解决问题，要向问题本身提问，将问题拆解，发掘问题根源，找到待解决的核心问题，从而解决问题。通过提问来解决问题可以分成 4 个步骤进行，分别是明确问题、制定策略、落实行动和评估结果。

提问解决问题的 4 个步骤详解

明确问题是解决问题的第1步。有的问题是表层问题，有的问题是深层问题。只有发掘问题的根源，明确深层问题，问题才能被真正解决。

制定策略是解决问题的第2步。围绕明确的问题，制定相应的解决方案。解决方案要创新、要研讨、要选择，最终通过提问，选定解决问题的方案。

评估结果是解决问题的第4步。有的方案落实行动后能达到预期结果，有的方案落实行动后达不到预期结果，这时要进行评估，形成经验。

落实行动是解决问题的第3步。方案本身不能解决问题，只有落实到具体行动，才能解决问题。

应用解析

提问解决问题 4 个步骤对应的问题

要解决的问题究竟是什么？
这是什么问题？
这个问题为什么重要？
为什么要解决这个问题？
还有没有别的问题要解决？

如何解决这个问题？
解决这个问题可以有几种方法？
这些方法分别有什么利弊？
哪一种方法更适合解决问题？
这些策略需要什么样的资源支撑？

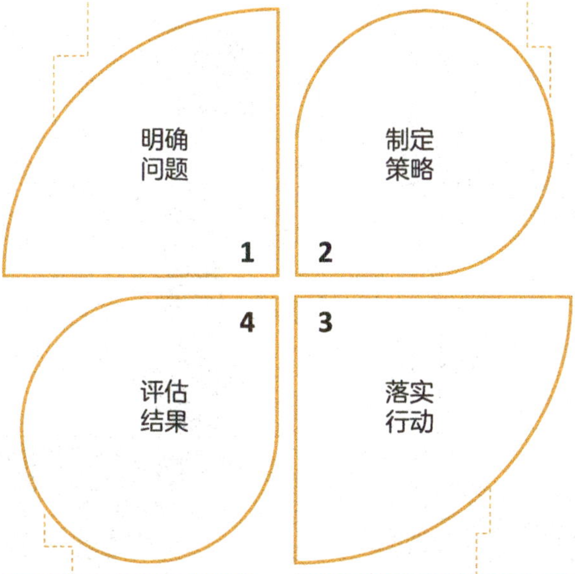

采取的行动达到预期了吗？
选择的策略有效吗？
达到预期结果了吗？
问题得到解决了吗？
采取别的策略和行动会不会更好？

如何落实行动？
具体应当做什么？
行动的具体步骤是什么？
行动可能遇到的困难是什么？
第1步应该如何开始？

小贴士

子曰："吾有知乎哉？无知也。有鄙夫问于我，空空如也，我叩其两端而竭焉。"大意是，孔子说，有些事我也不知道，当有人来问我，我就把问题从正反两端来反问他，问题就不解自明了。解决问题的人也不一定一开始就知道问题的所有答案，而通过提问恰恰可以找到答案。

5.2 探寻源头：找准问题的真正根源

问题场景

1
我应该怎么发现“员工的工作积极性普遍比较差”这个问题背后的深层原因呢?
2
你可以多问几个为什么。为什么员工的积极性不高呢?
3
这个我还真没研究过，会不会是员工嫌工资低，觉得别的团队的工资高呢?
4
那么，这个问题应该问谁才能找到根源呢?
5
看来我得去问一问员工了。
6
对啊，我们自己想象的，往往都是原因背后的结果。要找到结果背后的原因，就要找到症结，尝试发现“真问题”。

问题拆解

明确问题远比解决问题更重要。解决问题前，要先明确问题。如果没有找准问题，明确要解决的问题到底是什么，就盲目解决表层问题，必然达不到预期效果。明确问题就是找到问题的根源究竟在哪里。要明确问题，就要找到问题的本质。

工具与方法

工具介绍

连续问为什么

当出现问题时，可以先多问几个为什么，直到找到问题的真正原因；然后针对造成问题的真正原因，寻找解决方案。

连续问为什么，查找问题的流程

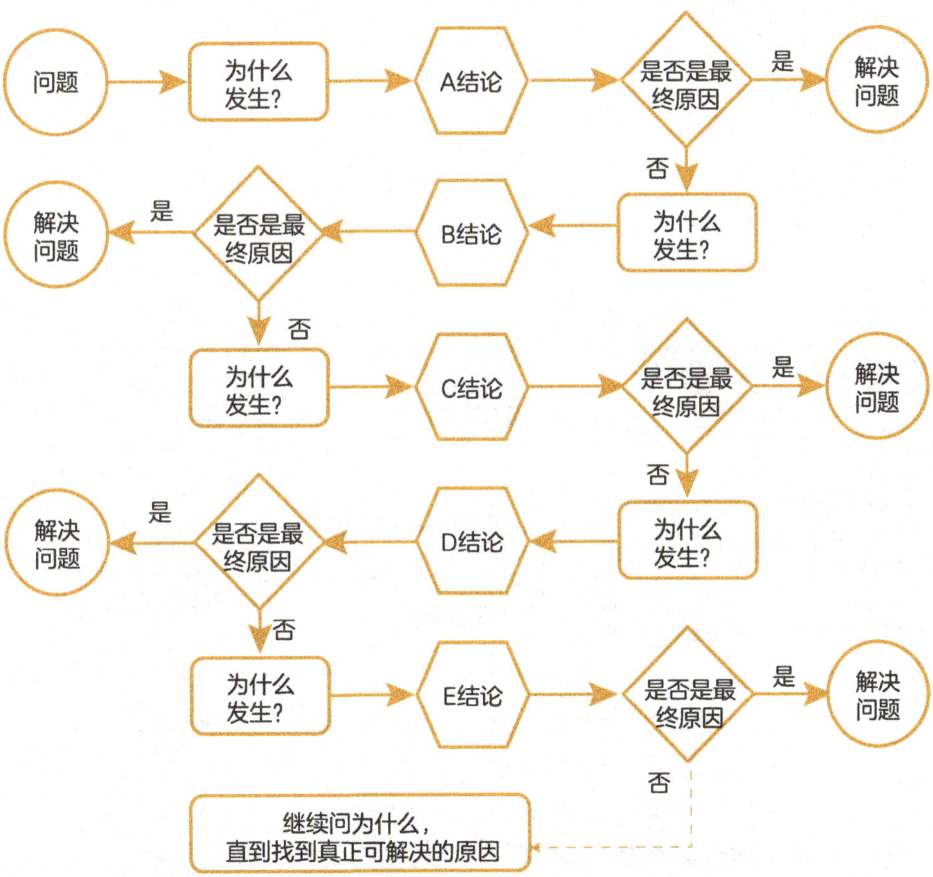

应用解析

连续问为什么案例

某公司财务系统升级项目的阶段性进展比预期晚，运用连续问为什么的方法查找原因。

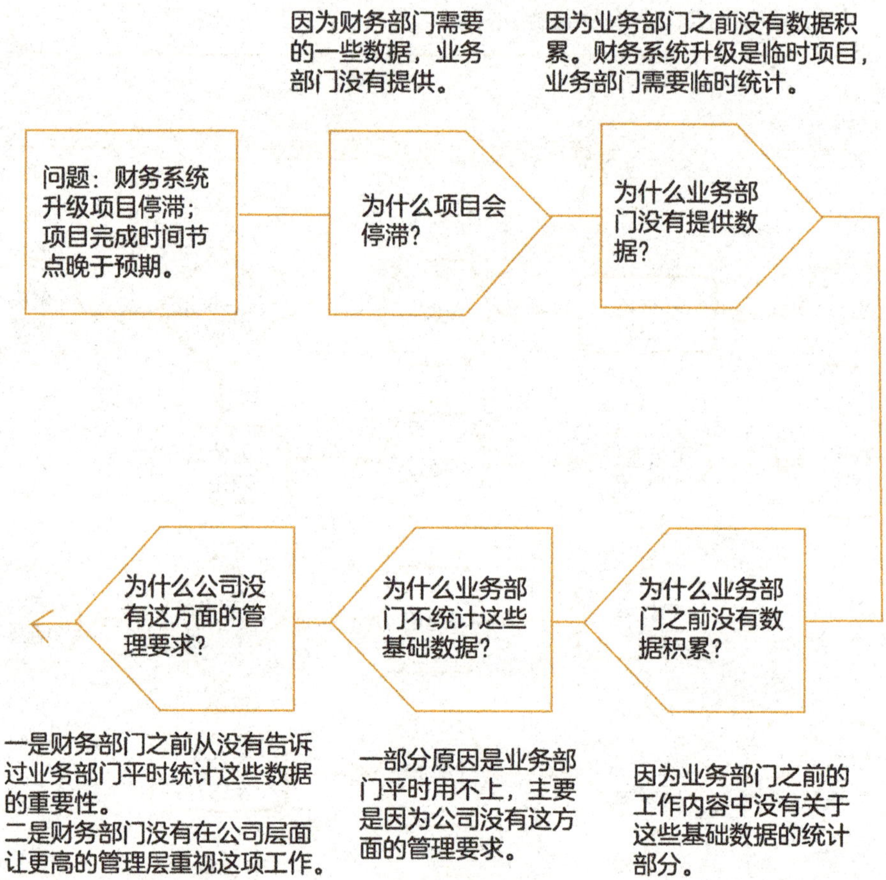
问题：财务系统升级项目停滞；项目完成时间节点晚于预期。
为什么项目会停滞？
因为财务部门需要的一些数据，业务部门没有提供。
为什么业务部门没有提供数据？
因为业务部门之前没有数据积累。财务系统升级是临时项目，业务部门需要临时统计。
为什么业务部门之前没有数据积累？
因为业务部门之前的工作内容中没有关于这些基础数据的统计部分。
为什么业务部门不统计这些基础数据？
一部分原因是业务部门平时用不上，主要是因为公司没有这方面的管理要求。
为什么公司没有这方面的管理要求？
一是财务部门之前从没有告诉过业务部门平时统计这些数据的重要性。
二是财务部门没有在公司层面让更高的管理层重视这项工作。

小贴士

在针对问题持续问为什么、查找原因的时候，要注意以下几个方面。

1. 不要总找外部原因，要从内部找原因。
2. 不要总找客观原因，要从主观上找原因。
3. 不要总找次要原因，要从顶层出发找主要原因。

5.3 评价分级：如何确定问题重要性

问题场景

1
下级有时候会向我提出很多问题，我认为以既有资源不足以全部解决，这时候怎么办呢？
2
既然现有资源无法全部解决，你认为能怎么办呢？
3
我认为应该先解决最重要的问题，忽略其他不重要的问题。
4
你的这个观点是正确的，资源有限的时候，必须先解决最重要的问题。
5
可是如何确定哪些问题是重要的呢？
6
可以从可能性、频繁度和严重性3个维度来判断待解决问题的重要性。

问题拆解

当待解决的问题较多时，应确定解决问题的优先级顺序。可以从判断问题的重要性入手，确定问题的优先级顺序，优先解决那些重要的问题。对于那些不重要的问题，可以延缓解决；如果时间不够，可以暂时不解决。

工具与方法

工具介绍

问题重要性评价

要判断问题的重要性，可以从问题发生的可能性、问题发生的频繁度和问题发生后的严重性 3 个维度来判断，方法是分别给这 3 个维度赋分，通过综合分析和计算，得出对问题重要性的评价。

问题重要性评价的 3 个维度

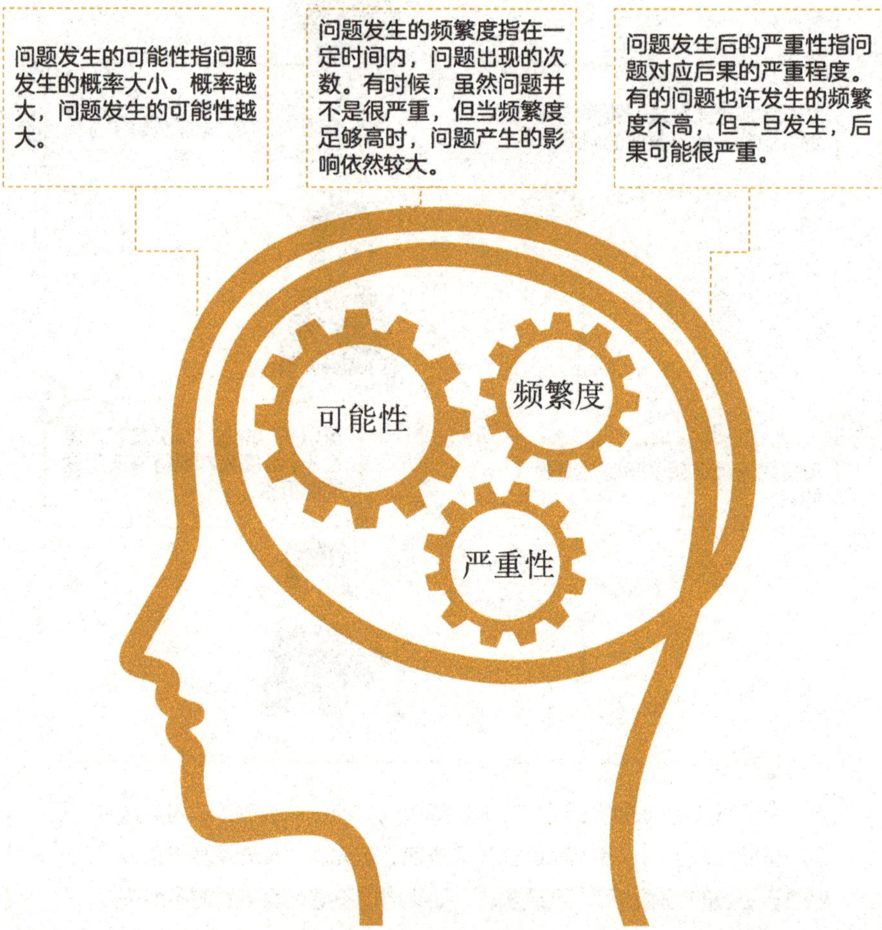
问题发生的可能性指问题发生的概率大小。概率越大，问题发生的可能性越大。
问题发生的频繁度指在一定时间内，问题出现的次数。有时候，虽然问题并不是很严重，但当频繁度足够高时，问题产生的影响依然较大。
问题发生后的严重性指问题对应后果的严重程度。有的问题也许发生的频繁度不高，但一旦发生，后果可能很严重。
可能性
频繁度
严重性

应用解析

问题重要性评价赋分案例

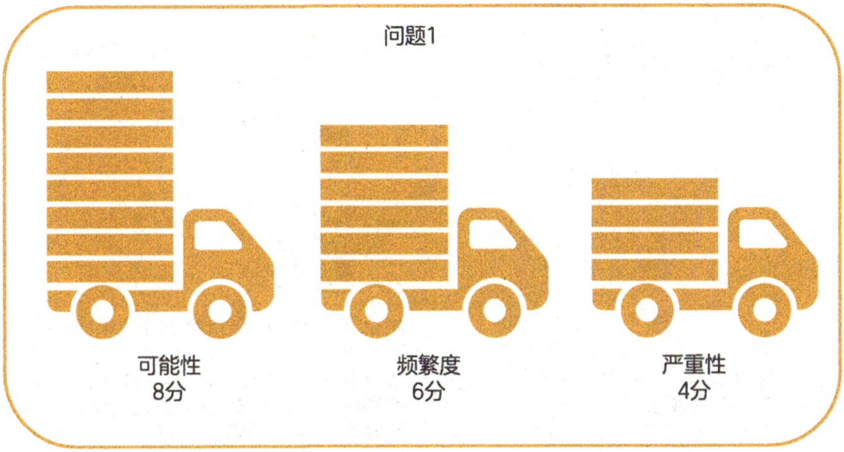

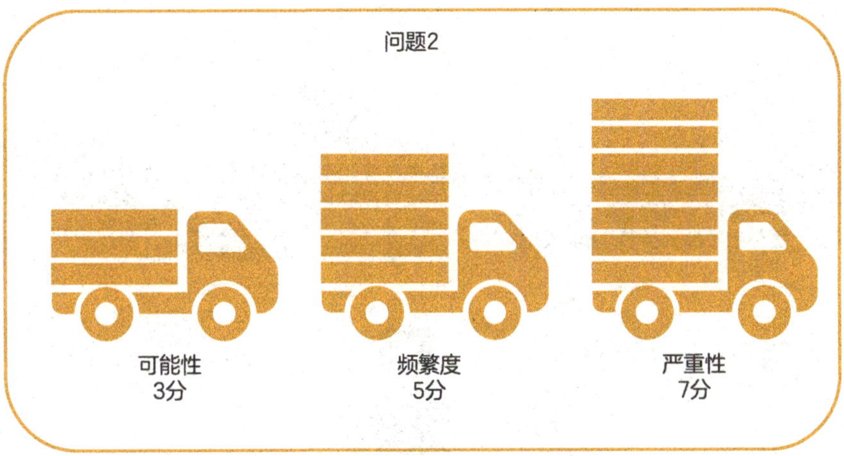

小贴士

评价问题的重要性时，可以给问题的可能性、频繁度和严重性 3 个维度分别赋分。每个维度可以根据其程度高低，设置 1~10 分。

问题优先级指数 = 可能性 × 频繁度 × 严重性。

5.4 提问顺序：黄金圈法则理清逻辑

问题场景

1
我想出版一本小说，但我的写作基础很差，之前除了语文考试，就没怎么写过文章，我该怎么办呢？
2
你可以从现在开始每天坚持写作，锻炼自己的写作能力。
3
我确实欠缺写作能力，增强写作能力后我就能出书了吧？
4
具备写作能力只是写成小说的前提，写出来不一定能出版。图书出版有一套标准流程，走这套流程的前提是你的稿件要通过初审。你现在工作做得好好的，为什么想写小说呢？
5
我现在职业发展遇到一些瓶颈，不知道该如何改变和突破。我看你出了那么多书，所以想写小说。
6
寻求改变和突破有很多方法，你完全可以先从自己擅长的领域入手尝试。再说出书也不是只有小说这一种类型，我之前出的书都是工具书，都是我擅长的领域。

问题拆解

王永安虽然问的是如何增强写作能力，但他的首要问题显然并不是如何增强写作能力，而是如何突破当前的职业发展瓶颈。这时候，王永安需要搞清楚的首要问题是做什么有助于自己突破职业发展瓶颈。从王永安的情况看，写小说显然不是一个明智的选择。

工具与方法

工具介绍

黄金圈法则

西蒙·斯涅克（Simon Sinek）提出了“黄金圈法则”。这个圈分为 3 个部分，最内圈是 Why（为什么），中间层是 How（怎么做），最外层是 What（做什么）。

大部分人的思考方式、行动方式、交流方式都是由外向内的，即 What → How → Why 这样的过程；而许多成功的领袖或管理者、许多行业领军的企业或组织的思考、行动和交流方式是从内向外的，即 Why → How → What。

黄金圈法则示例

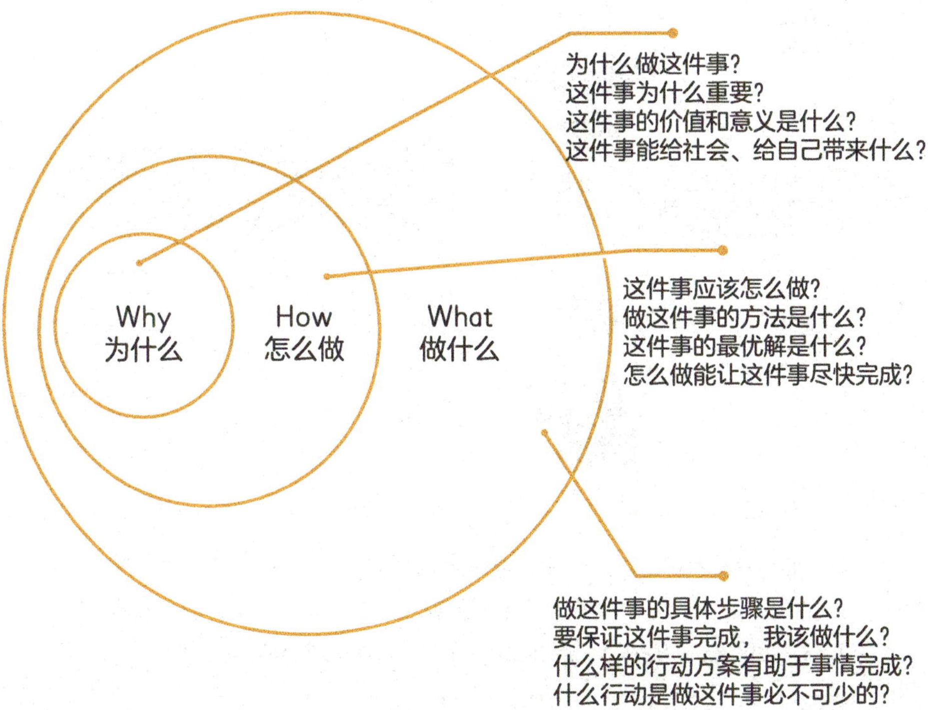
Why
为什么
How
怎么做
What
做什么
为什么做这件事？
这件事为什么重要？
这件事的价值和意义是什么？
这件事能给社会、给自己带来什么？
这件事应该怎么做？
做这件事的方法是什么？
这件事的最优解是什么？
怎么做能让这件事尽快完成？
做这件事的具体步骤是什么？
要保证这件事完成，我该做什么？
什么样的行动方案有助于事情完成？
什么行动是做这件事必不可少的？

应用解析

黄金圈法则应用案例

1
为什么寻求改变？你想要获得什么？
2
我不喜欢平平淡淡、按部就班的工作，但我如今的工作就处于这种状态，我觉得自己的职业发展遇到了瓶颈，我想要改变现状。
先问为什么
3
你认为什么样的状态能达到你的要求呢？你脑海中有没有这样的画面呢？
4
我比较喜欢表达，喜欢有创造性的工作。我脑海中有时候会出现一幅画面，是自己站在台上讲话，我觉得那种状态很好。
再问怎么做
5
你当前的基础如何？做什么最有可能让自己达到那样的状态？实现那幅画面呢？
6
我目前的专业知识掌握得较少，表达能力也没有到能上台讲话的程度。我觉得还是要多学习专业领域的技能，有机会多练习上台讲话。
最后问做什么

小贴士

如何养成良好的思维习惯，用好黄金圈法则？不要一上来就思考该做什么，或该如何做，也不要把大量的时间花在思考这类问题上，而是应该先思考意义和价值，而且应该把至少 50% 的时间用在思考这类问题上。

5.5 周全考量：问清问题的 6 个维度

问题场景

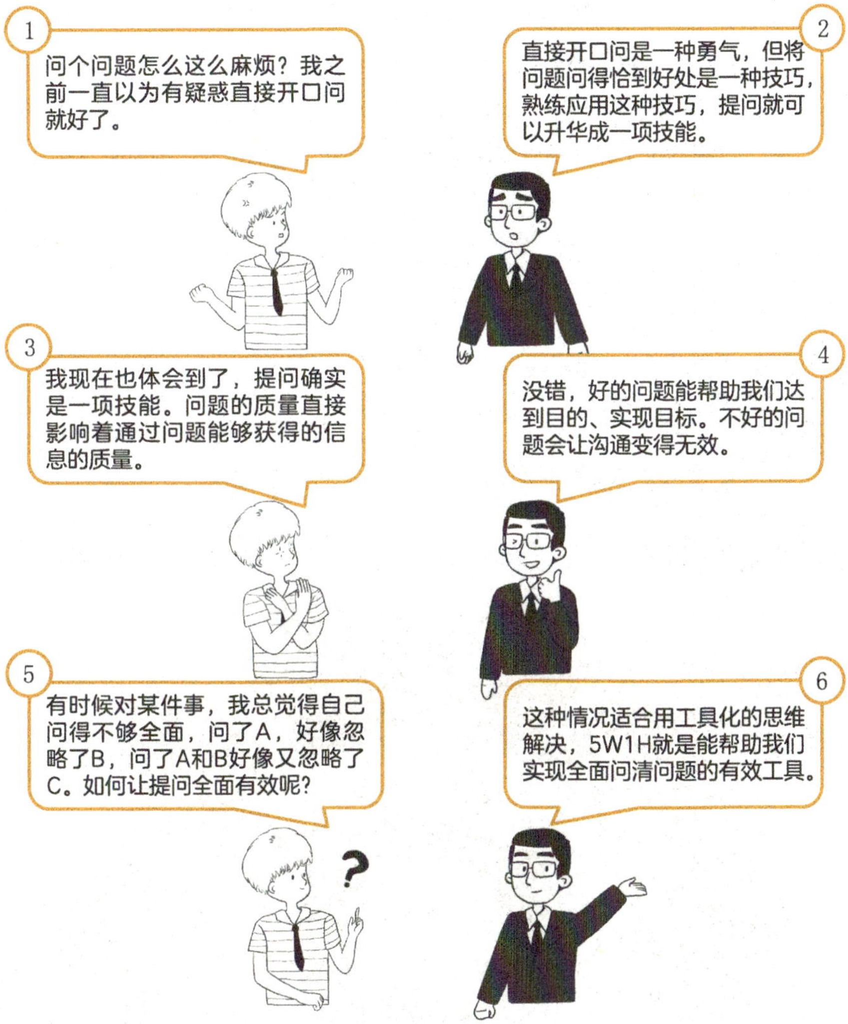
1
问个问题怎么这么麻烦？我之前一直以为有疑惑直接开口问就好了。
2
直接开口问是一种勇气，但将问题问得恰到好处是一种技巧，熟练应用这种技巧，提问就可以升华成一项技能。
3
我现在也体会到了，提问确实是一项技能。问题的质量直接影响着通过问题能够获得的信息的质量。
4
没错，好的问题能帮助我们达到目的、实现目标。不好的问题会让沟通变得无效。
5
有时候对某件事，我总觉得自己问得不够全面，问了A，好像忽略了B，问了A和B好像又忽略了C。如何让提问全面有效呢？
6
这种情况适合用工具化的思维解决，5W1H就是能帮助我们实现全面问清问题的有效工具。

问题拆解

提问人人都会，只要勇气足够，就能问出口，但未经研判、随口而出的问题往往质量不高，达不到预期效果。能问出有水平的问题，是一项技能。要把问题问得全面清楚，可以借助 5W1H 工具。

工具与方法

工具介绍

5W1H

5W1H 不仅是一种工具，还是一种分析方法、思考方法，甚至是一种创造方法。它告诉人们不论对什么事，都可以从 6 个方面提出问题、进行思考。运用这个工具能有效地理清思维，有效地开展行动，有效地保证目标落地。

5W1H 示例

准备从哪里开始这个项目？
在哪里实施这个项目？
这是一个什么项目？
完成这个项目需要什么？
需要做到什么程度？
准备什么时间开始这个项目？
这个项目将会持续多久？
由谁来负责这个项目？
这个项目的参与人都有谁？
Where
When
What
Who
Why
How
为什么要实施这个项目？
实施这个项目有什么目的？背后对应着怎样的价值、意义或目标？
这个项目该怎么做？
有哪些方法有助于项目的实施？
如何采取行动能够达到事半功倍的效果？

应用解析

某公司产品研发项目的 5W1H 案例

某公司研发设计部门开展对某产品的研发项目，按照5W1H提出的问题如下表所示。

5W1H	现状	原因	改善	确认
Why 目的	研发该产品有什么目的	为什么是这样的目的	还有没有其他的目的	确认目的是什么
What 产品	要研发什么产品	为什么要研发该产品	能不能研发别的产品	确认研发什么产品
Where 场所	从哪里开始入手，在哪里实施操作	为什么从那里入手	能不能从别的地方入手	确认从哪里开始入手
When 时间	什么时候做	为什么在那个时间做	能不能在别的时间做	确认在什么时间做
Who 作业人员	由谁来做	为什么由那个人做	能不能由其他人来做	确认由谁来做
How 方法	具体怎么做	为什么那么做	有没有其他的方法	确认用什么方法做

小贴士

无论是梳理现状、挖掘原因、找到改善之处，还是确认重要事项，5W1H 都能助我们一臂之力。

5.6 头脑风暴：用提问激发创新方案

问题场景

1
现在我们遇到了产品创新乏力的问题，有没有什么方法能激发出团队更多的创新和创意呢？
2
可以试试头脑风暴法。
3
这个方法我知道，之前我们用过几次，可好像没什么效果，所以就没有再用了。
4
咱们是怎么用的呢？
5
就是团队在一起开会讨论问题啊，可是讨论到最后总是创意太多、太发散。有时候你一句我一句，说着说着就偏离主题了。
6
也许不是头脑风暴法这种工具不好，而是在用这个工具的时候，你们应用的方法有问题。

问题拆解

群体智慧总是大于个体智慧，运用头脑风暴法，能够激发群体智慧。但是，群体智慧需要多人参与，如果管控不得当，激发群体智慧的过程也可能产生比较多的内耗，反而达不到效果。

工具与方法

工具介绍

头脑风暴法

头脑风暴法是一种群体决策的工具，所有参与者通过平等地提出关于某个主题的思考，获得比较丰富多样的想法，并经过讨论，得出最佳的可行性方案。这种方法可以被广泛应用在各类团队场景中，用来做工作讨论、产生新的想法或解决复杂的问题。

头脑风暴法的 5 个步骤

在进行头脑风暴之前至少24小时，确定待解决的具体问题，提前告知参会人员。

通过引导，激发参与者的想法。让思维充分地发散和延展，所有参与者平等地提出创意想法。

对激发的创意做应用讨论，一般在创意的相关性、可行性和可操作性等层面讨论。

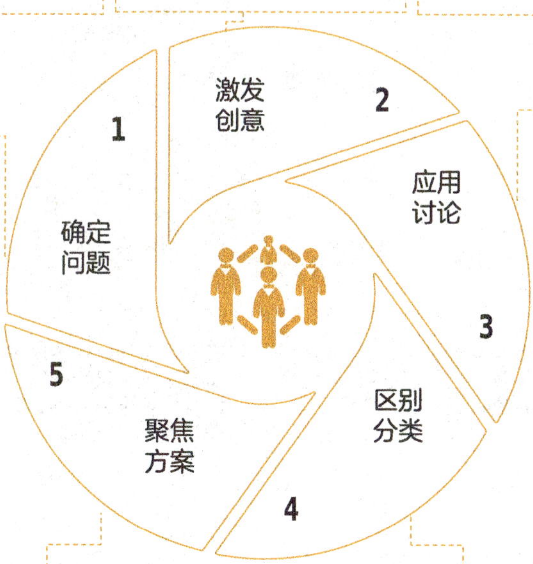

对激发的创意做区别分类。

对区别分类后的创意进行聚焦，对优先级高的创意形成更加具体的落地方案，并且采取行动。

应用解析

实施头脑风暴法常见的四大问题

头脑风暴会议没有提前准备，导致参会人员并不知道会议的目标，并不了解讨论的主题，大量时间浪费在了解目标和主题上，占用了思考的时间。

很多头脑风暴会议产生的点子很多，但有用的想法有限。会议最后变成了天马行空的思维漫游，没有形成有用的解决方案。

很多人参加头脑风暴会议时，担心自己的想法和别人不同，会给自己带来负面评价，故意迎合别人的想法，隐藏不同的意见。

在一些头脑风暴会议中，外向的参会人员表达了大量的意见，内向的参会人员没有机会表达意见。类似情况还表现在职位高低的差异上。

小贴士

很多头脑风暴会议的效果达不到预期、不能解决问题，不是因为头脑风暴法这一工具没有用，而是因为没有正确运用，通常表现为在应用头脑风暴法前没有做好准备，在应用的过程中没有做好管控，在应用之后没有做好总结。

5.7 思维激荡：用提问探讨解决方案

问题场景

1
头脑风暴法这个工具虽好，但在实施过程中经常觉得想法有点乱，有没有什么工具可以帮我们平稳有序又不失活力地激发创意呢？
2
可以试一试六顶思考帽这个工具。
3
什么帽？
4
六顶思考帽，这是一种思维工具，用6种颜色的帽子代表6种不同的思维模式。
5
有什么用呢？
6
这个工具在激发大家思维的同时，又不至于使人思维混乱，有助于思维的发散和聚焦。

问题拆解

很多头脑风暴会议中在创意想法的产生、发散、扩展、聚焦、整合等环节做得不好，原因之一是参会人员没有按照正确的方法思考。而思考方法同样有工具可以借助，六顶思考帽就是比较好的创意产生工具。

工具与方法

工具介绍

六顶思考帽

六顶思考帽是一种思维工具，用 6 种颜色的帽子代表 6 种不同的思维模式。

这个工具可以在一个人思考问题的时候应用；也可以多人参与的会议中，作为激发大家思维，又不至于使人思维混乱的工具，有助于思维的发散和聚焦。

使用六顶思考帽的关键在于排列不同颜色的帽子的顺序，不同的排列顺序，能够取得不同的思维结果。

六顶思考帽示意图

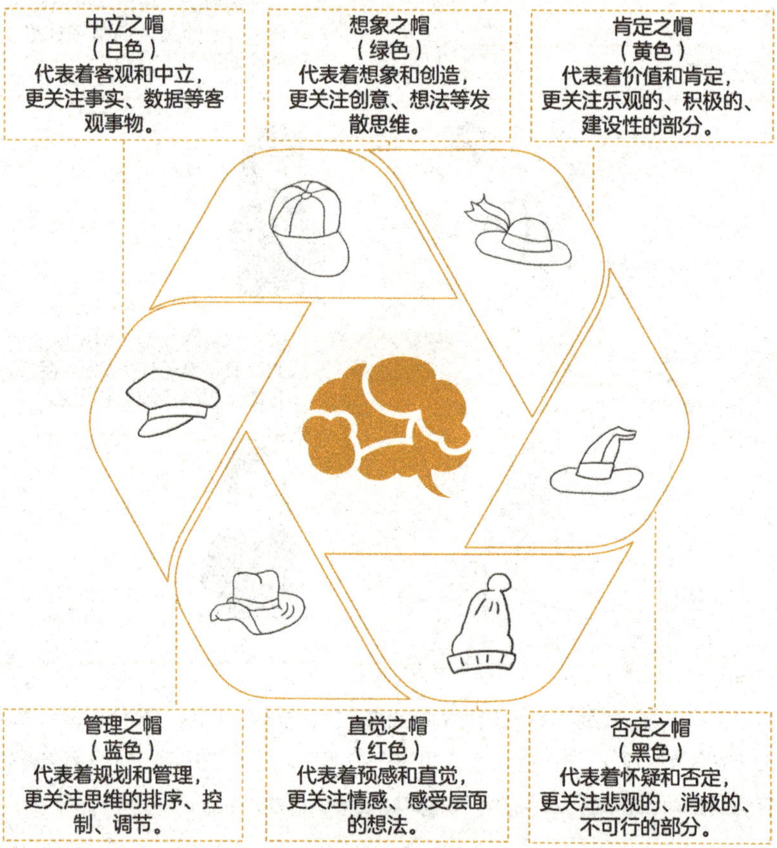
中立之帽
（白色）
代表着客观和中立，更关注事实、数据等客观事物。
想象之帽
（绿色）
代表着想象和创造，更关注创意、想法等发散思维。
肯定之帽
（黄色）
代表着价值和肯定，更关注乐观的、积极的、建设性的部分。
管理之帽
（蓝色）
代表着规划和管理，更关注思维的排序、控制、调节。
直觉之帽
（红色）
代表着预感和直觉，更关注情感、感受层面的想法。
否定之帽
（黑色）
代表着怀疑和否定，更关注悲观的、消极的、不可行的部分。

应用解析

六顶思考帽在实施头脑风暴法中的应用

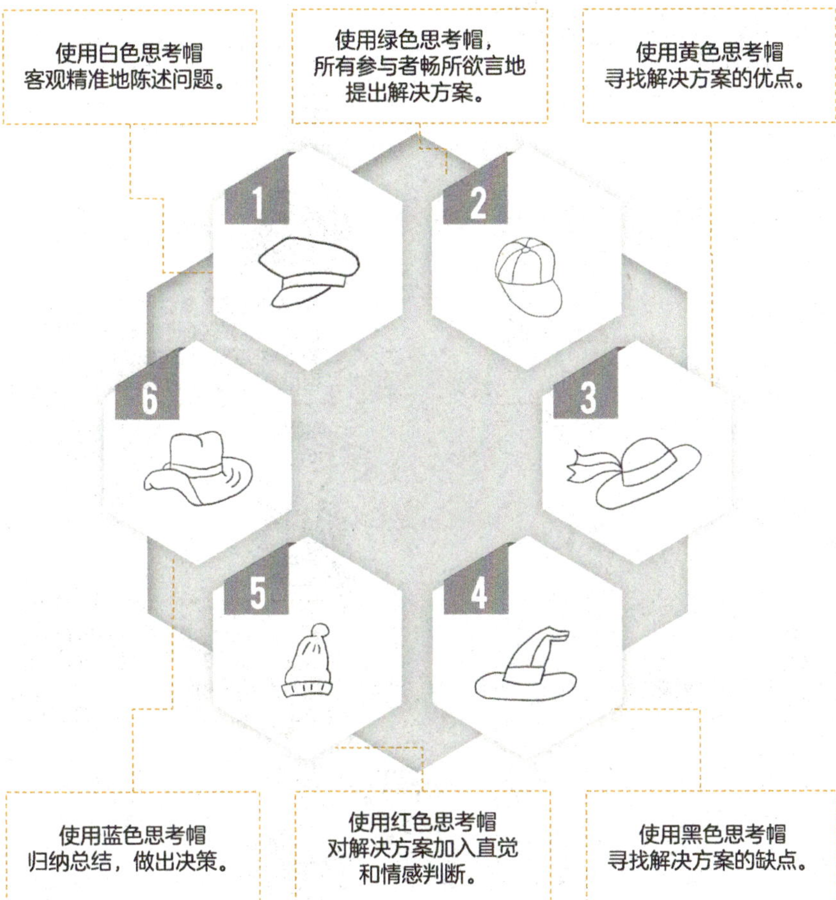
使用白色思考帽
客观精准地陈述问题。
使用绿色思考帽，
所有参与者畅所欲言地
提出解决方案。
使用黄色思考帽
寻找解决方案的优点。
1
2
3
4
5
6
使用蓝色思考帽
归纳总结，做出决策。
使用红色思考帽
对解决方案加入直觉
和情感判断。
使用黑色思考帽
寻找解决方案的缺点。

小贴士

六顶思考帽是非常灵活的工具，针对不同的场景，解决不同的问题，可以有不同的使用顺序。

要想有效应用，就要掌握六顶思考帽背后的思维逻辑。

5.8 4类评估：用提问选择合适方案

问题场景

1
有时候实施头脑风暴法会得出很多方案，我们要依次把每个方案都试一遍吗？
2
时间和资源是有限的，多数情况下很难把所有方案都试一遍。
3
那怎么办呢？
4
如果方案多，要尝试先评出优先级，优先选择那些优先级高的方案实施。优先级低的方案可以延后实施或不实施。
5
具体怎么做呢？
6
可以用坐标轴法，把方案按有效性和可行性两个维度划分，把方案分成4类。

问题拆解

当头脑风暴后出现的方案较多时，马上逐一实施方案并非效率最高的选择，因为如果先实施的方案有效性和可行性都较差，可能会造成资源浪费。比较可行的做法是先对这些方案进行分类，选择有效性和可行性好的方案先实施。

工具与方法

工具介绍

方案评估选择

如何选择适合的方案，可以从有效性和可行性两个维度来筛选。

有效性代表着对方案结果的预期，指的是方案实施后可能带来的成效。方案毕竟没有正式实施，所以这里的有效性对应的是方案可能的结果。

可行性，指的是具备实施方案需要的素质、能力、信息、资源等要素，这些能够在一定程度上确保方案落地，有效实施。

方案评估选择详解

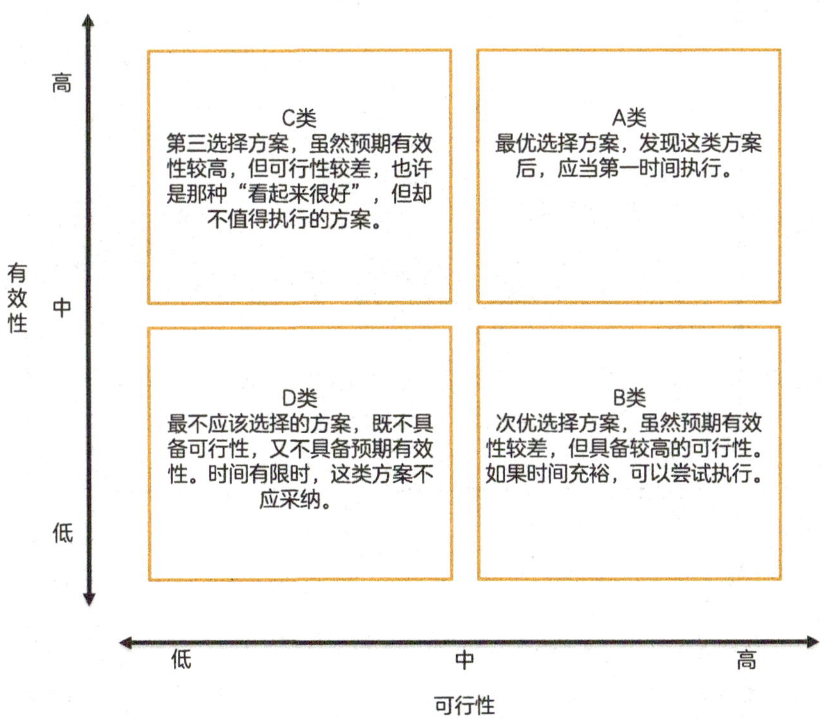

有效性
高
中
低
C类
第三选择方案，虽然预期有效性较高，但可行性较差，也许是那种“看起来很好”，但却不值得执行的方案。
A类
最优选择方案，发现这类方案后，应当第一时间执行。
D类
最不应该选择的方案，既不具备可行性，又不具备预期有效性。时间有限时，这类方案不应采纳。
B类
次优选择方案，虽然预期有效性较差，但具备较高的可行性。如果时间充裕，可以尝试执行。
低
中
高
可行性

应用解析

方案评估选择案例

某公司的顾客数量有减少趋势，因此公司期望增加顾客数量，经过头脑风暴会议后，列出的备选方案一共有7个，分别是召开新产品推介会、加大零售终端的投放力度、邀请名人做广告代言、开发老用户形成老带新活动、增加宣传海报的印刷数量、大力度投放自媒体广告和重新拍摄公司的宣传广告。

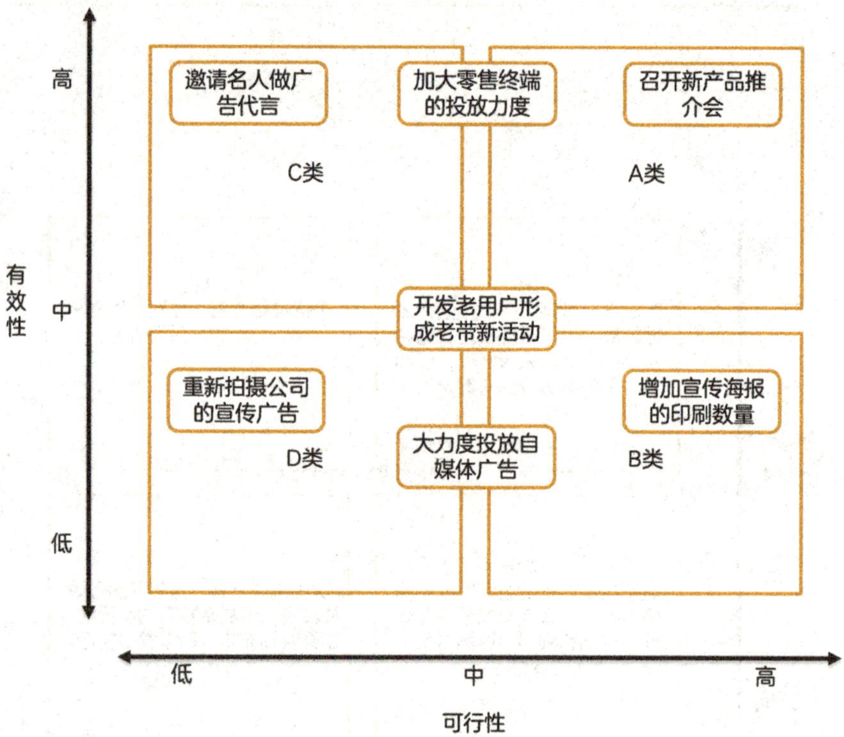

小贴士

坐标轴法是一种通用的分类方法，通过对坐标轴的两个轴赋予不同的含义，进行不同的赋值，可以得出不同的分类情况。

5.9 6 个关键：用提问促进方案落地

问题场景

1
为什么我们平时也有很多方案，但最终都不能落地呢？
2
你是怎么落实行动的呢？
3
就是把方案布置下去啊，找到责任人，然后跟进结果。
4
但如果是多人参与的情况，责任人有权限调动其他人吗？责任人知道这件事正确的实施步骤是什么吗？责任人有足够的意愿做这件事吗？
5
这个……这些问题我没考虑过……
6
如果没有尝试过从这些角度提出并有效回答问题，那方案无法落地可能也不奇怪了。

问题拆解

把方案落实到行动不是一句口号，不是简单地把要做的事情告诉责任人，责任人自己就能把方案完成。这其中涉及责任人和相关执行人员的组织问题、人员能力问题、人员动机问题、方案信息的对称性问题、达成方案的资源问题和时间问题等。

工具与方法

工具介绍

方案落实行动的 6 个关键问题

要让方案有效落实到行动，需要在 6 个维度上提出问题，这 6 个维度分别是人员、能力、动机、信息、资源、时间。其中，人员、能力和动机是聚焦在人的层面的维度；信息、资源和时间是聚焦在事的层面的维度。

方案落实行动的 6 个关键问题示例

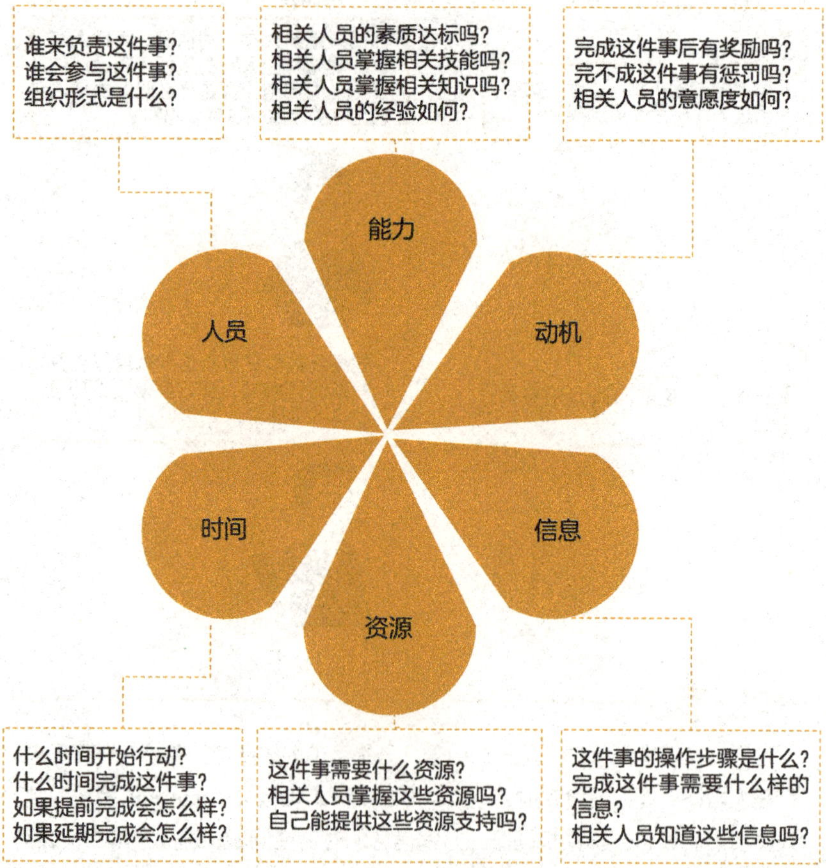
谁来负责这件事？
谁会参与这件事？
组织形式是什么？
相关人员的素质达标吗？
相关人员掌握相关技能吗？
相关人员掌握相关知识吗？
相关人员的经验如何？
完成这件事后有奖励吗？
完不成这件事有惩罚吗？
相关人员的意愿度如何？
能力
人员
动机
时间
信息
资源
什么时间开始行动？
什么时间完成这件事？
如果提前完成会怎么样？
如果延期完成会怎么样？
这件事需要什么资源？
相关人员掌握这些资源吗？
自己能提供这些资源支持吗？
这件事的操作步骤是什么？
完成这件事需要什么样的信息？
相关人员知道这些信息吗？

应用解析

方案落实行动的关键问题评估

	人员	能力	动机	信息	资源	时间
需求情况						
当前状况						
需要补充			0	0		

小贴士

方案不能落实行动的原因有很多，从整个系统上说，通常是在开始行动前，没有认真思考和盘点落实行动都需要什么，不明确当前存在哪些不足，不清楚还需要补充什么。

06

独立思考：如何用提问表达质疑

本章背景

1
任老师，您怎么还喝咖啡？喝咖啡对健康可是有很大危害的呀！
2
啊？你为什么这么说呢？
3
我以前看一些自媒体文章说咖啡对健康有害啊！而且害处还不小呢！
4
真是这样吗？你怀疑过这些内容可能是假的吗？
5
假的？我没想过，这个……仔细想想，确实有可能！
6
有时别人给出的信息是有误的，也许我们应该学习一下如何质疑。

背景介绍

人们很容易轻信身边的信息，尤其是那些对自己不利的信息，很容易不假思索地全然接受。然而这些信息往往不一定是客观真实的，会对人的认知造成误导。这时候，就需要具备批判思维，不轻信、不盲从。提问可以帮助自己建立这种批判性思维。

6.1 批判思维：人为什么不喜欢质疑

问题场景

1
奇怪了，为什么我看到一则信息后，会不自觉地选择相信呢？
2
愿意相信别人代表我们纯真善良，这是我们的本性。如果别人说什么我们都不信，那人类的生产协作都将难以运行了。
3
可面对周围那么多可能不正确的信息，面对别人可能想灌输给我们的虚假信息，我们要如何辨别呢？
4
我们要养成独立思考的习惯，凡事经过深度思考后再做判断，而不是看到什么就立即轻信或盲从。
5
如何养成独立思考的习惯呢？
6
我们可以在大脑中设置一个“守卫”，养成看到某类信息后，多问“这是真的吗”的习惯。只有确认信息是真的后，才将其储存进大脑。

问题拆解

我们每天都可能接触到很多虚假信息。要摈弃轻信和盲从，最好的办法是养成独立思考的习惯，方法是接收到某类信息后，不要直接将其储存进大脑，而是先将其放入一个“待检验区”，检验通过后再将其纳入知识库。

工具与方法

工具介绍

质疑

质疑是必不可少的思维。质疑的好处有 5 个，分别是保持自己的价值观，活出自我；预防虚假信息，防止被骗；建立独立思考的习惯，锻炼思维；找出事实到底是什么，挖掘真相；找到问题的症结，解决问题。

质疑的 5 个好处

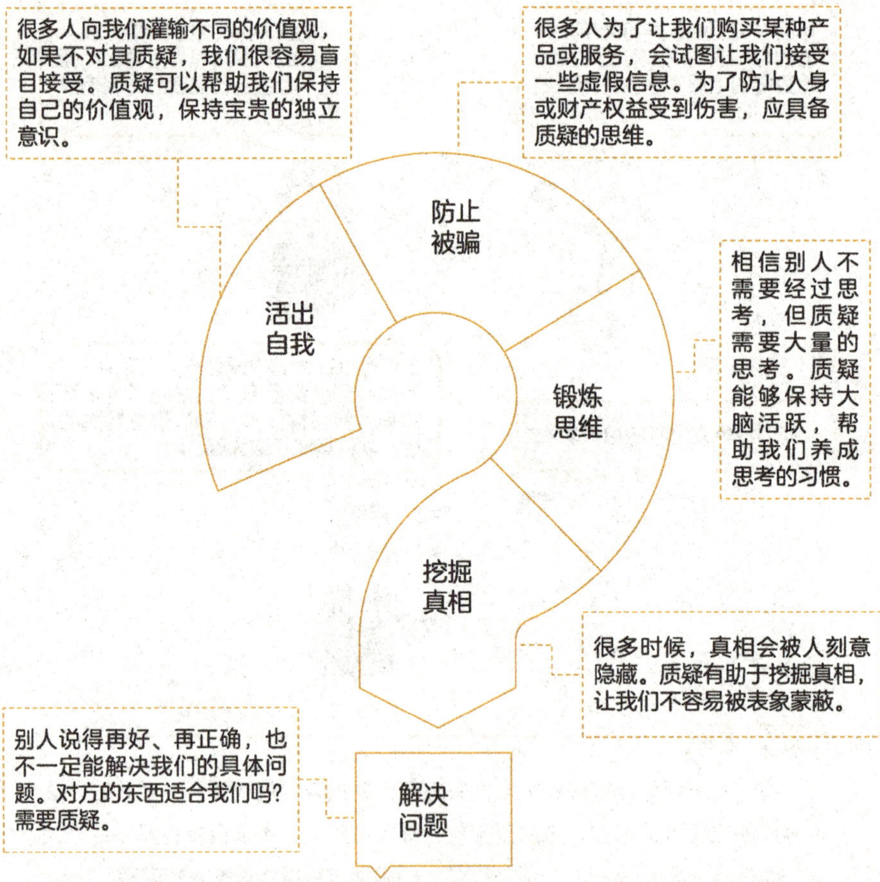
很多人向我们灌输不同的价值观，如果不对其质疑，我们很容易盲目接受。质疑可以帮助我们保持自己的价值观，保持宝贵的独立意识。
很多人为了让我们购买某种产品或服务，会试图让我们接受一些虚假信息。为了防止人身或财产权益受到伤害，应具备质疑的思维。
防止被骗
活出自我
相信别人不需要经过思考，但质疑需要大量的思考。质疑能够保持大脑活跃，帮助我们养成思考的习惯。
锻炼思维
挖掘真相
很多时候，真相会被人刻意隐藏。质疑有助于挖掘真相，让我们不容易被表象蒙蔽。
别人说得再好、再正确，也不一定能解决我们的具体问题。对方的东西适合我们吗？需要质疑。
解决问题

应用解析

阻碍质疑的四大原因

一些固有的思维习惯会影响我们质疑。例如我们习惯了相信公开媒体上的信息，习惯了不假思索地相信看到的文章，这会让我们自然而然地相信自媒体的内容。

印象会让我们对人或事产生某种固有的想法或立场，有时候很难让我们产生怀疑。例如张三给我们的印象是工作积极的正面形象，我们就很难质疑张三有不好的一面。

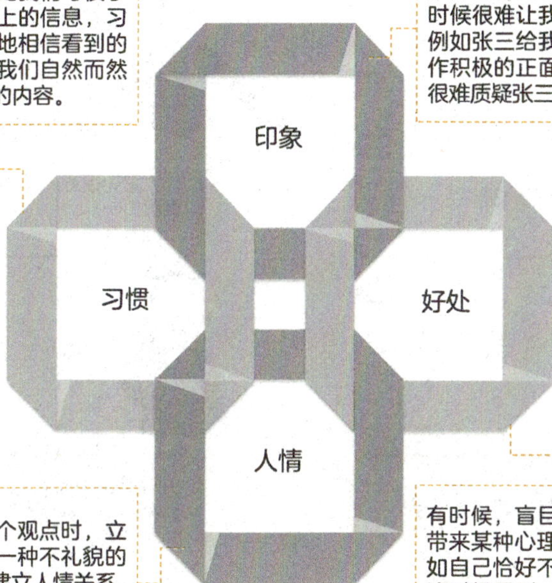

当对方说出某个观点时，立即质疑对方是一种不礼貌的行为，不利于建立人情关系。有时候，质疑可能会伤害对方的感情。

有时候，盲目相信能给自己带来某种心理上的好处。例如自己恰好不喜欢吃草莓，这时候看到一篇报道，说草莓上有大量的农药残留，这时自己就很容易相信。

小贴士

需要注意的是，虽然人们应具备质疑思维，但不代表要处处存疑，不应总是质疑周围的一切，变成“疑心病患者”，变得谁也不信，甚至变得固执己见、自以为是。质疑思维的本质是不盲信，不是什么都不信。

6.2 前提成立：如何对论点提出质疑

问题场景

1
互联网上卖的东西应该更便宜，可为什么我最近买的一款产品，它的价格比实体店的还高呢？
2
你为什么认为互联网上卖的东西应该更便宜呢？
3
大家不都这么说吗？
4
“大家”是谁？“都”是什么意思？
5
你这么一问，我竟无言以对……
6
因为你一开始的“互联网上卖的东西应该更便宜”的论点就是不对的。

问题拆解

做判断时，首先要保证自己的论点是准确的，如果一开始的论点就不对，基于论点得出来的一切判断都将有可能是有问题的。所以，对论点要保持审慎的态度，不能轻信某个论点一定正确，即便这个论点是很多人认为的“常识”。

工具与方法

工具介绍

质疑论点的 3 个维度

要质疑论点，可以从 3 个维度切入，分别是观点、例外和科学。

在观点维度可以问：这个论点是一种观点吗？

在例外维度可以问：这个论点存在例外情况吗？

在科学维度可以问：这个论点在科学领域有相关研究吗？

质疑论点的 3 个维度示例

很多论点实际上是观点，观点是主观的，不同的人可能持有不同的观点。例如某人认为“秋天就应该多吃饭，为迎接寒冬做准备”，有人则不这么认为。

只要存在例外，论点就不成立。例如某人说“用了这个产品，保证能达到某效果”，对所有人来说都这样吗？答案是否定的，所以这个论点是错的。

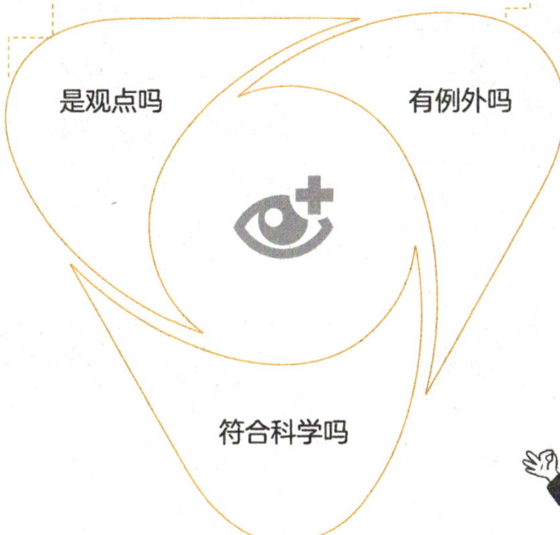

有的论点压根不符合科学，有的论点在科学领域已经有相关研究，这时候可以参照科学领域的研究成果。例如喝咖啡到底对人体有没有害处？

应用解析

对论点提出质疑案例

论点：最有效的团建活动就是大家一起坐下来吃饭。
点评：这显然是一种观点。

论点：只要勤奋，最终就能成功。
点评：很多人很勤奋，但最终却没成功，例外案例极多，显然这个论点是不正确的。

论点：我能让水通过化学反应变成油，为此我做了商业计划书，希望大家投资。
点评：这根本就不符合科学。

小贴士

提出质疑时，应先质疑论点。论点是很多判断的前提，当发现对方的论点错误时，基于该论点产生的一切判断或推演都将不成立。

6.3 充足证据：如何对论据提出质疑

问题场景

1
现在做直播真是太赚钱了，我在考虑要不要去做直播。
2
你是基于什么得出这个结论和判断的呢?
3
我有个网友，前一阵开始做直播，现在收入猛增。
4
你的这个论据是个例，不能因为一个人有这样的情况就得出这个结论，你有没有想过那些失败的案例有多少呢?
5
这个我还真没想过。
6
况且你也不知道这位网友背后都付出了什么，别人的成功自有道理。你没有研究明白别人的方法，就盲目跟风，很可能以失败告终。

问题拆解

人们在由判断得出某种结论时，很容易陷入“幸存者偏差”，只盯着那些成功的案例，既没有看到还有很多失败的案例，也没有看到成功案例背后的付出。这种选择的论据不能证明论点，是很多人常犯的错误。

工具与方法

工具介绍

质疑论据的 3 个维度

要质疑论据，可以从 3 个维度切入，分别是个例、反面和真实性。

在个例维度可以问：这个论据是个例吗？

在反面维度可以问：这个论据考虑反面情况了吗？

在真实性维度可以问：这个论据是真实的吗？

质疑论据的 3 个维度详解

个体的情况并不能说明整体的情况。个例的问题并不能代表整体的问题。个例并不能科学有效地证明某个论点。
例如张三每天复习半个小时学习效果就很好，这不代表所有人的复习时间都应该设置成半小时。

论据要考虑反面情况，不能因为在某个维度上是好的，就代表是好的。例如有人认为应该多吃糖，因为吃糖可以使人快乐，但吃糖也会让人长胖。

论据应当是真实的，不能是编造的。例如，某论据是某大学某专家的最新研究成果，但该大学根本没有该专家，也从没有人进行过该项研究。

应用解析

对论据提出质疑案例

论据：小明每天窝在床上玩电脑，考试成绩也不差，所以没必要好好学习。
点评：小明能代表所有人吗？

论据：剧烈运动后热量消耗较大，能够产生减肥的效果，所以剧烈运动有助于减肥。
点评：剧烈运动对身体不会存在伤害吗？

论据：这个减肥药可有用了，你看使用前和使用后的照片对比。
点评：这照片明显是后期处理过的吧？

小贴士

论据如果出问题，就没有办法证明论点，但不代表论据有问题，论点一定是错误的。有时候论据是错的，得出了错误的论点；有时候论点是对的，只是选择的论据错了。

6.4 逻辑精准：如何对论证提出质疑

问题场景

1
最近不知道怎么了，每次拿起手机看5分钟，手机就死机。看来我就不该没事老看手机啊。
2
你这逻辑真奇怪，这分明是手机坏了吧……
3
啊？哈哈哈，是啊，我该去修修手机了。
4
你这是典型的没有搞清楚因果关系导致的论证错误。
5
可能是因为我最近总是在强迫自己少看手机，就把两者联系到一起去了。
6
平时如果懂得质疑，这类问题就不容易出现了。

问题拆解

除论点和论据外，论证过程也容易出问题，所以对论证也应当存疑。质疑论证不同于质疑论点和论据，论证出现的问题通常是逻辑问题，隐蔽性更强，如果不留意，就不容易察觉。

工具与方法

工具介绍

质疑论证的 5 个维度

要质疑论证，可以从常见的 5 种论证错误入手，从不可比性、因果问题、自相矛盾、以偏概全和主观判断 5 个维度切入。

在不可比性维度可以问：这些事物可以拿来比较吗？通过比较得出的结论正确吗？

在因果问题维度可以问：论证过程中的因果关系正确吗？

在自相矛盾维度可以问：论证过程是否存在自相矛盾之处？

在以偏概全维度可以问：论据的样本数量足以支撑得出的结论吗？

在主观判断维度可以问：论证过程是客观的吗？是否存在主观因素？

常见的 5 种论证错误

把两个不具备可比性的事物放在一起比较，从而得出错误的结论。例如，成人比幼儿的力气大，所以幼儿不喜欢锻炼身体。

搞不清楚事物之间的因果关系，从而得出错误的结论。例如，很多同事都喜欢和我聊天，因为我每天喷香水。

论证的过程出现了矛盾，无法得出结论。例如，只要提高产品的价值，就能提高销量。然而产品价格提高，大概率会让销量降低。

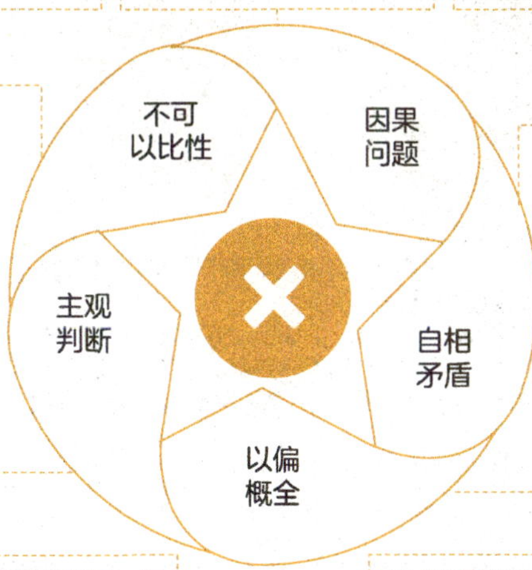

通过主观的判断来做出论证，得出结论。例如我们10个人中有8个人认为可以通过培育技术让西瓜长成任何形态，所以这个结论是对的。

通过片面的信息来判断全面的结果。例如有项针对蔬果爱好者社群的100位群友的调查结果显示，60%的人喜欢吃苹果，所以60%的社会大众喜欢吃苹果。

应用解析

论证问题案例

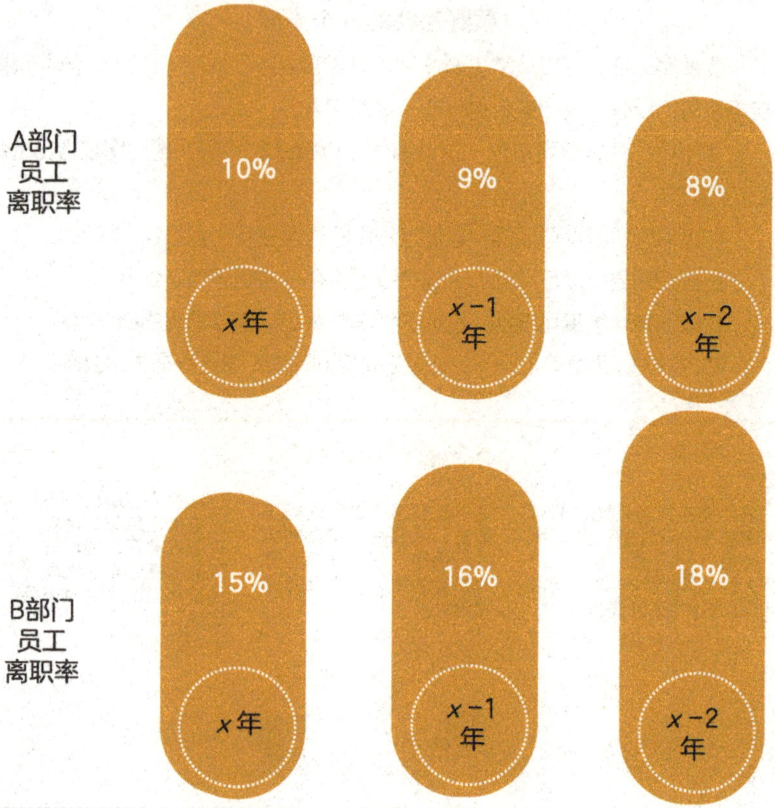

如果只看x年的数据，张三得出了A部门管理者带团队的水平优于B部门管理者带团队水平的错误结论。为什么是错误结论？

一是考虑“x-1年”（前1年）和“x-2年”（前2年）的情况，A部门离职率实际上是每年增长的，B部门离职率实际上是逐渐递减的；二是A部门和B部门的工作环境、工作性质等不同，直接比较两个部门的离职率是有问题的，就像在拿苹果与橘子相比。

小贴士

具备可比性的事物相比较的意义更大，相较之下，“苹果与橘子相比”的意义不大，“苹果与苹果相比”更有意义。把不具备可比性的事物放在一起比较，很容易得出错误的结论。

6.5 精确无误：如何对数据提出质疑

问题场景

1
公司给我的工资太低了，我很不开心。
2
你为什么会有这样的想法？
3
我在一个网站上看到过一个关于平均工资的调查结果，我现在的工资水平比平均工资低。
4
那个网站是如何做的统计？是如何得到这些数据的呢？参与调查的人是谁，有多少？怎么保证这些人填写数据的真实性呢？
5
您的意思是，这个调查结果不一定可信？
6
是的，非权威的媒体进行的不专业调查，得出的结论怎么能全信呢？

问题拆解

人们常说“数据会说话”“数据代表着事实”“数据就是真理”，实际上这些理解并不确切。数据确实可以帮助人们做决策，但如果数据的来源有问题，数据本身就是错误的，或者数据运用不当，那么数据会给人们带来误导。

工具与方法

工具介绍

质疑数据的 4 个维度

要质疑数据，可以从 4 个维度切入，分别是来源、真实性、精确性、导向性。

在来源维度可以问：数据是怎么来的？

在真实性维度可以问：数据真实有效吗？

在精确性维度可以问：数据足够精确吗？

在导向性维度可以问：数据能导向结论吗？

质疑数据的 4 个维度示例

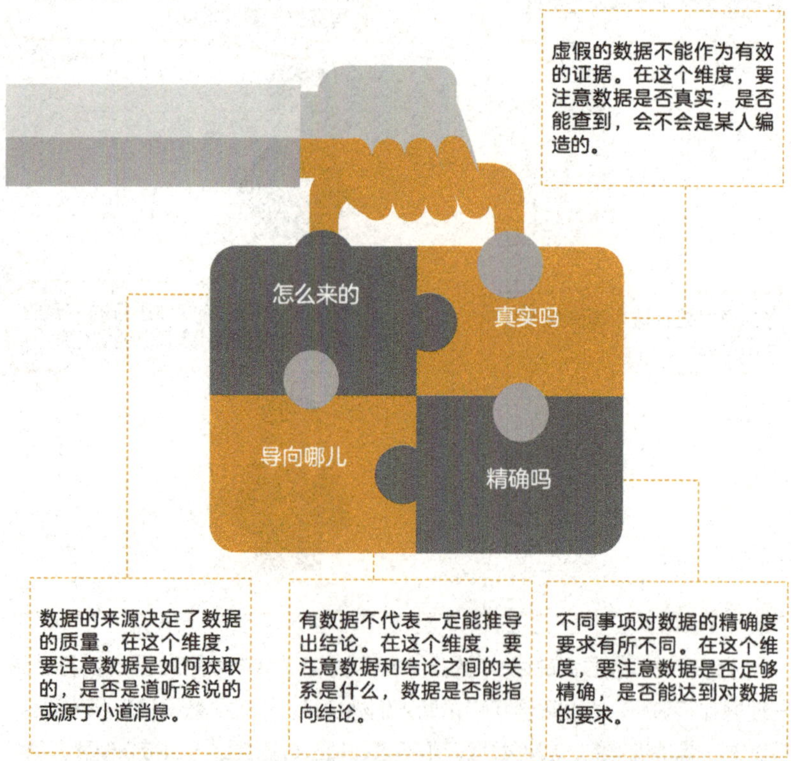
虚假的数据不能作为有效的证据。在这个维度，要注意数据是否真实，是否能查到，会不会是某人编造的。
怎么来的
真实吗
导向哪儿
精确吗
数据的来源决定了数据的质量。在这个维度，要注意数据是如何获取的，是否是道听途说的或源于小道消息。
有数据不代表一定能推导出结论。在这个维度，要注意数据和结论之间的关系是什么，数据是否能指向结论。
不同事项对数据的精确度要求有所不同。在这个维度，要注意数据是否足够精确，是否能达到对数据的要求。

应用解析

数据问题案例

某部门有张三、李四、王五3名员工。这3名员工在前3个季度的绩效评价得分如左侧所示。

从数据大小来看，该部门负责人一开始认为，张三的绩效评价得分最高，他是部门最优秀的。

实际上，公司绩效评价得分总会有一定局限性，李四虽然绩效分值上比张三少，但未必就不如张三优秀。

小贴士

任何形式的数据推算都存在一定误差，就连火箭发射如此追求精确的事项，都允许微小的数据误差存在，更不要说平时生活中用到的很多数据了。数据是人们研究问题的参考，人们应当追求数据的精确性，却不能期望数据是绝对精确的。

6.6 恰当有效：如何对图形提出质疑

问题场景

1
数据可能有问题，但图形不会撒谎吧？以后我要将数据转化成图形。
2
图形和数据一样，同样有可能撒谎，同样需要质疑。
3
为什么？我们公司以前开会的时候，总经理还特意强调要把数据转化成图形呢。
4
你看，把数据转化成图形，因为图形是数据转化来的，数据可能有问题，图形当然也可能有问题。
5
哦，这么说我就明白了。
6
不仅如此，图形运用不当，也可能使我们产生误解。

问题拆解

图形虽然看起来直观，但因为图形的底层逻辑源于数据，所以与数据一样，图形同样需要质疑。另外，图形还可能存在很多应用层面的问题，这些问题可能引导人们得出错误的结论，所以不要盲目地相信图形。

工具与方法

工具介绍

质疑图形的 4 个维度

要质疑图形，可以从 4 个维度切入，分别是来源、客观性、恰当性和有效性。

在来源维度可以问：图形源于数据吗？这些数据源于哪里呢？

在客观性维度可以问：图形是对数据客观真实的反映吗？

在恰当性维度可以问：图形的呈现形式恰当吗？

在有效性维度可以问：图形能有效地证明结论吗？

质疑图形的 4 个维度示例

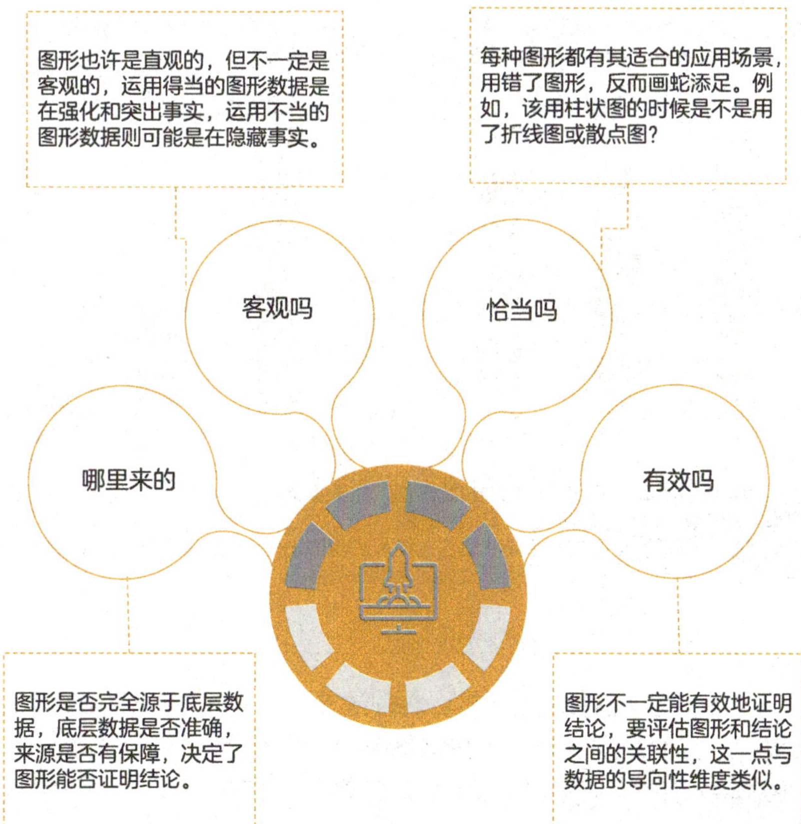
图形也许是直观的，但不一定是客观的，运用得当的图形数据是在强化和突出事实，运用不当的图形数据则可能是在隐藏事实。
每种图形都有其适合的应用场景，用错了图形，反而画蛇添足。例如，该用柱状图的时候是不是用了折线图或散点图？
客观吗
恰当吗
哪里来的
有效吗
图形是否完全源于底层数据，底层数据是否准确，来源是否有保障，决定了图形能否证明结论。
图形不一定能有效地证明结论，要评估图形和结论之间的关联性，这一点与数据的导向性维度类似。

应用解析

图形问题案例

某公司做员工满意度调查，问卷中的选项包括“满意”“不满意”“折中”3项，得到的数据结果如下表所示。

选项	选择人数	占比
满意	1000人	36.4%
不满意	900人	32.7%
折中	850人	30.9%
合计	2750人	100.0%

将相同的底层数据转化为图形，可以得到如下两种不同的图形形态。这两张图给人完全不同的直观感受。为什么相同的数据会得出不同的图形呢？

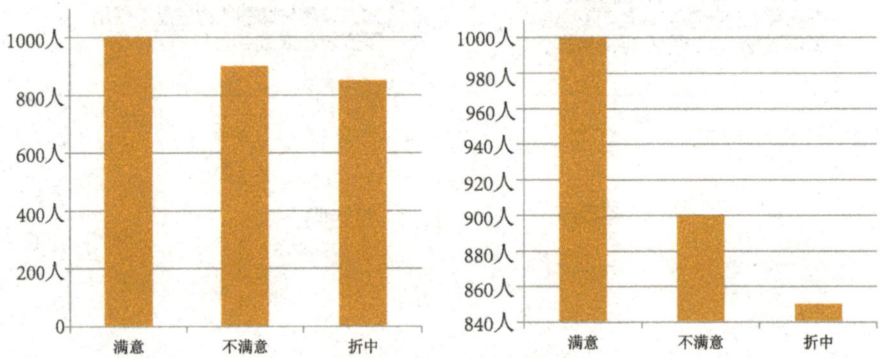

左右两张图的不同之处在于纵轴的起始数据。如果想客观反映问题，应呈现左图，但如果有人想粉饰结果、掩盖问题，可以用右图。
类似的情况还可能出现在对每年业绩变化情况的粉饰上：通过改变纵轴的起始数据，让原本看起来增长不多的业绩从视觉上看起来增长很多。

小贴士

用表格呈现出的数据具备不加修饰的客观性。一旦把表格中的数据转换成图形，虽然从感官上看，相对比较直观，但有时候反而会让人们产生误解。图形如果用不好，有时候会让本来显而易见的结论变了味儿。

6.7 理性客观：如何对结论提出质疑

问题场景

1
前几天看到同事过马路的时候践踏草坪，本来对他印象还挺好的，现在觉得他真没素质。
2
你这个结论下得有点重了吧……
3
不对吗？那他践踏草坪代表什么呢？
4
践踏草坪是一种不文明现象，是不好的事，但因为这个就判断他没素质，恐怕不妥吧，因为你并不了解事情的全部啊。
5
说起来也是，也许他有什么重要的急事吧。
6
对人做判断的时候，最好就事论事，而且要了解事情的前因后果，不要直接对人的品格做评价。

问题拆解

践踏草坪只是事情的表象，表象背后的本质是什么我们并不知情。通过事物的表象直接判断人的品格是不恰当的，是一种错误的得出结论的过程。人们在得出结论的过程中经常出现逻辑问题，质疑有助于发现这些问题。

工具与方法

工具介绍

质疑结论的 5 个维度

要质疑结论，可以从 5 个维度切入，分别是对错、因果、幸存、抽象和单一。

在对错维度可以问：当前的结论是对事物的完全肯定或完全否定吗？

在因果维度可以问：论据和结论之间存在因果关系吗？

在幸存维度可以问：用以得出当前结论的论据充足吗？

在抽象维度可以问：当前的结论是抽象的总结吗？

在单一维度可以问：当前的结论是论据可以得出的唯一结论吗？

常见的 5 种结论错误

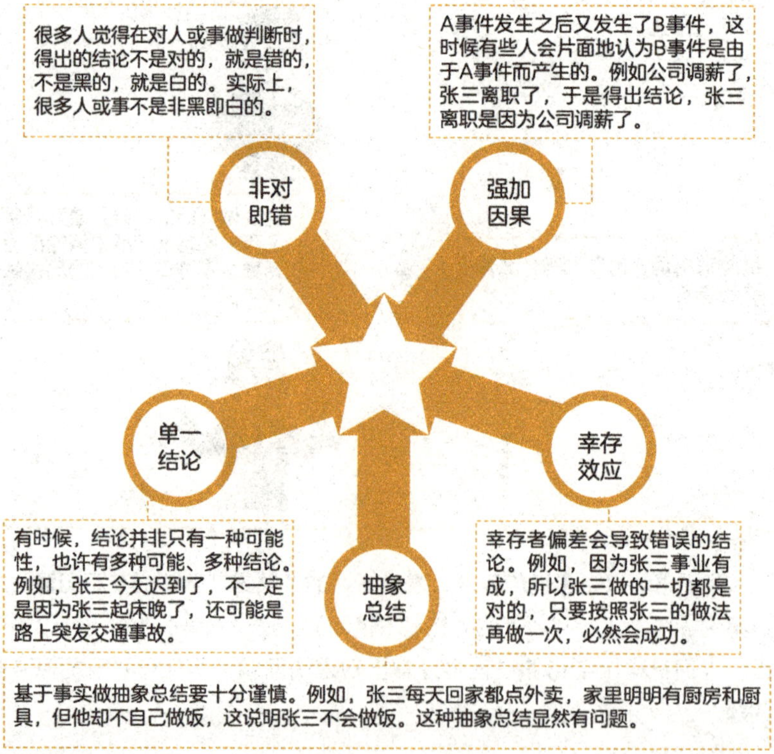
很多人觉得在对人或事做判断时，得出的结论不是对的，就是错的，不是黑的，就是白的。实际上，很多人或事不是非黑即白的。
A事件发生之后又发生了B事件，这时候有些人会片面地认为B事件是由于A事件而产生的。例如公司调薪了，张三离职了，于是得出结论，张三离职是因为公司调薪了。
非对即错
强加因果
单一结论
幸存效应
抽象总结
有时候，结论并非只有一种可能性，也许有多种可能、多种结论。例如，张三今天迟到了，不一定是因为张三起床晚了，还可能是路上突发交通事故。
幸存者偏差会导致错误的结论。例如，因为张三事业有成，所以张三做的一切都是对的，只要按照张三的做法再做一次，必然会成功。
基于事实做抽象总结要十分谨慎。例如，张三每天回家都点外卖，家里明明有厨房和厨具，但他却不自己做饭，这说明张三不会做饭。这种抽象总结显然有问题。

应用解析

结论问题案例

某公司销售部门员工张三的考核结果如下表所示。

考核项	S（卓越）	A（优秀）	B（良好）	C（一般）	D（较差）
销售额	√				
毛利额			√		
回款率		√			
新客户开发	√				
费用控制				√	

根据考核结果得出的张三考核结果的蛛网图如下。

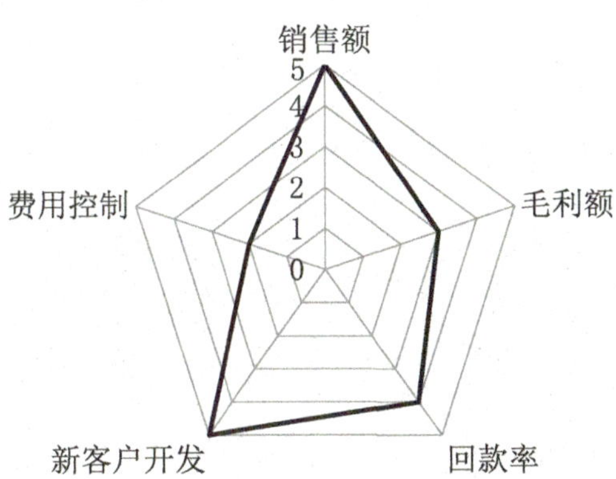

从表和图能够看出，张三费用控制这一项的得分最低，毛利额这一项的得分中等，于是得出张三工作成果一般的结论。
但实际上，这5项考核维度的重要性如下表所示。

考核项	占比
销售额	60%
毛利额	5%
回款率	10%
新客户开发	20%
费用控制	5%
合计	100%

费用控制和毛利额的重要性都仅占5%，销售额的重要性为60%，二者的重要性相差甚大，因此并不能由于张三这两项做得不够好，就得出张三工作成果一般的结论。

小贴士

人或事是多面的，是复杂的。看人或看事，不应用“是非观”得出要么好、要么不好，要么行、要么不行的结论；而应用“维度观”，明确好，好在哪儿，不好，不好在哪儿。按照维度区分，分门别类地判断，才能得出客观的结论。

07

通畅职场：如何用提问向上管理

本章背景

1
我觉得自己最近和上级的沟通出问题了。
2
什么问题？
3
我总是不知道上级想要什么。开会的时候，我觉得自己好像都听懂了，但真到了要执行的时候，却不知道该怎么做。
4
那你准备怎么办呢？
5
我也不知道怎么办，所以才来问您啊。
6
问题出在你和上级之间，你不是应该向上级提问吗？

背景介绍

在向上管理时，也应用到提问。提问可以引导上级的思维，引导上级采取某种行动，挖掘出上级知道但自己不知道的信息，获得上级头脑中的知识。必要时，也可以通过提问质疑上级的观点。

7.1 构建信任：向上提问注意事项

问题场景

1
下级向上级提问，也太奇怪了吧！我总觉得向上级提问会显得不礼貌。
2
只要提问方式得当，不仅不会让上级觉得不礼貌，反而有助于上下级之间建立信任关系。
3
会吗？那我回去可一定要多向上级提问。
4
向上级提问虽然是好事，但有事没事地提问也不一定好。
5
也就是说问多了并不一定好，是吧？
6
向上提问要有胆量，也要有谋划。

问题拆解

根据沟通方向的不同，沟通可以分为与上级沟通、与平级沟通和与下级沟通。提问也是如此，提问可以分成向上提问、向平级提问和向下提问。对上级的提问与对平级和对下级的提问有所不同，既要注意应用频率，也要注意应用技巧。

工具与方法

工具介绍

向上提问

与上级沟通时，适时的提问能够增进上下级之间的信任感，有助于更好地开展工作。向上提问时要注意 4 点，分别是搞清楚什么问题值得问，想清楚提问的目的，注意提问的态度，思考好可以围绕问题做哪些进一步的延伸和探讨。

向上提问的 4 点注意事项

搞清问题：向上提问前，一定要搞清楚自己要问什么问题，这个问题是个多大的问题，问题够不够具体、值不值得问。

想清目的：向上提问前，一定要明确问出这个问题的目的，明确是为了解决什么问题，明确这个问题的答案对什么有帮助。

延伸探讨：开始向上提问后，如果没把事情弄明白，就不要轻易结束。可以在这个问题上进一步拓展、延伸，把提问升级成对某个问题的探讨。

注意态度：上级毕竟在职位上高于自己，提问时要注意态度。最好抱着请教的态度提问，既不失礼貌，又能达到提问的目的。

应用解析

向上提问的 4 点禁忌

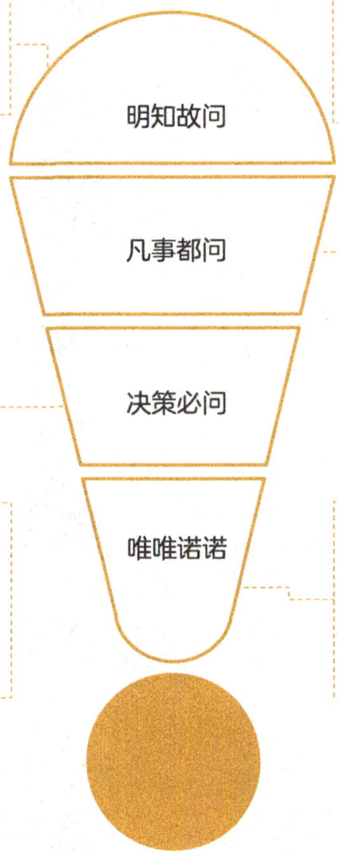

对于一些非常简单、显而易见，或者双方都知道答案的问题，就不要问上级了。这类问题问出来反而会显得自己很蠢。

向上提问应当视情况而定，不能什么事都提问，不然可能会浪费上级很多时间，而且会让上级觉得自己没有主见。

自己决策范围内的事情，就没有必要问上级了，不然会让上级觉得自己在推卸责任，想让上级承担决策的不利后果。

有问题就大胆向上级提出来，态度上不要唯唯诺诺、支支吾吾。沟通表达上不要想说又不敢说，或者把话说一半。

小贴士

在职场上，要珍惜每一个向上提问的机会。严谨、高效、有深度、针对性强的问题不仅不会显得自己愚笨，而且能够彰显自己的专业性，能够显示出自己积极进取、主动思考、虚心好学的态度，能够增加上级对自己的好感。

7.2 四维聆听：通过提问了解全貌

问题场景

1
我经常不知道要问上级什么问题，具体该怎么提问呢？
2
你首先要锻炼聆听的技巧，仔细听上级要表达的信息，发现有不明白的地方，就及时问出来。
3
我每次都很认真地在听啊，也没走神啊。
4
也许是你听的时候没有抓住关键信息。
5
要抓住什么关键信息呢？
6
要找到是什么、为什么、想什么和做什么4个维度。

问题拆解

不理解上级表达信息的含义，通常是因为没有获得充足的信息，没有掌握事情的全貌。要充分获得并理解上级传递的信息，首先要学会聆听。当发现自己聆听后仍有疑惑时，应当主动向上级提问。

工具与方法

工具介绍

聆听的 4 个维度

上级布置工作后，下级需要通过聆听来了解工作的全貌。聆听上级的信息有 4 个维度，分别是上级想表达的信息是什么，上级为什么要表达这些信息，上级在想什么，以及上级期望自己做什么。只有把这 4 个维度的信息全部弄清楚，才算弄清楚了事情的全貌。

聆听的 4 个维度示例

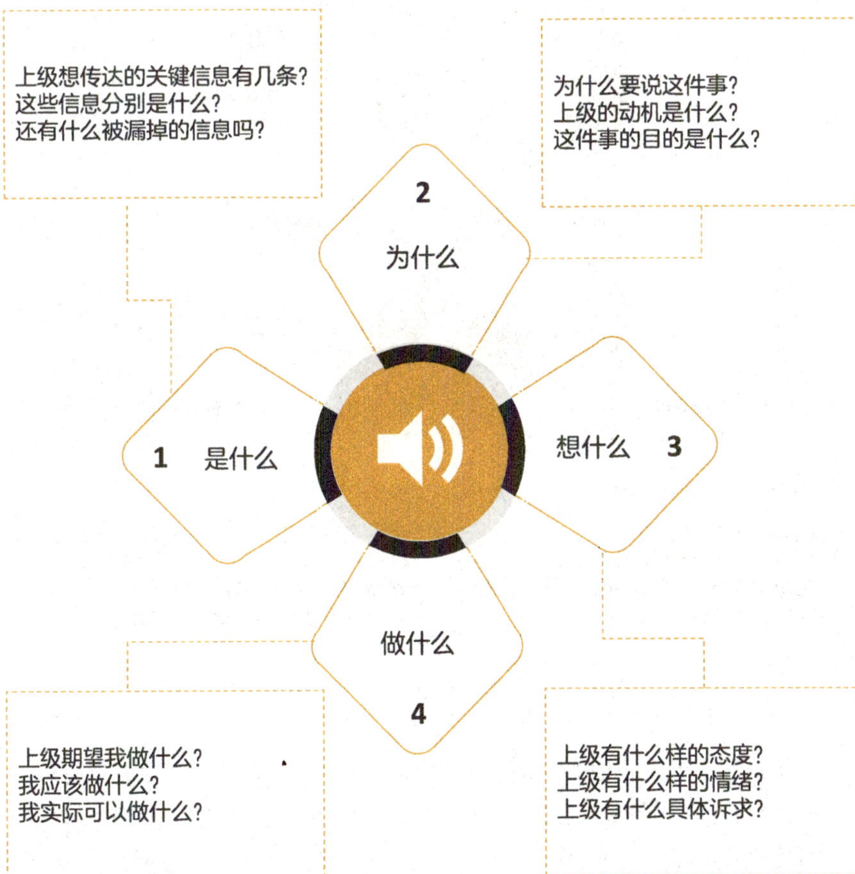
上级想传达的关键信息有几条？
这些信息分别是什么？
还有什么被漏掉的信息吗？
为什么要说这件事？
上级的动机是什么？
这件事的目的是什么？
2
为什么
1 是什么
想什么 3
做什么
4
上级期望我做什么？
我应该做什么？
我实际可以做什么？
上级有什么样的态度？
上级有什么样的情绪？
上级有什么具体诉求？

应用解析

向上级了解全貌的提问

是什么

请问这是一项什么工作？
请问完成这项工作的条件是什么？
请问这项工作的具体要求是什么？

为什么

我可以冒昧地问一下，为什么要做这项工作吗？
我很好奇，做这项工作的价值是什么？
我不清楚，这项工作的意义是什么？

想什么

请问在这项工作上，您的具体诉求是什么？
您期望我达到什么样的水平？
关于这件事，您的想法是什么？

做什么

您具体期望我做什么呢？
我做什么最可能完成这项工作？
以我当前的能力，您认为做这项工作的难点会是什么呢？

小贴士

在了解全貌的过程中，提问的主要作用是查漏补缺。如果没有听清楚事情的全貌，应主动向上级提问。在某个维度上缺少的信息越多，越应当重点提问。

7.3 经验汲取：通过提问找到方法

问题场景

1
有些事我就算知道了全貌，也不知道该怎么做啊。
2
不知道做事的方法，你该怎么办呢？
3
我想起来了，这个您之前说过，应该进行流程步骤类提问！
4
找谁问呢？
5
我也不知道，是不是该问上级？
6
除了直接问上级，你还可以问任何在这方面具备技能、拥有经验的人啊。

问题拆解

当不知道做事的方法时，应当进行流程步骤类提问。可以向谁问呢？可以向身边可能知道方法的人问，可以向在这件事上做得比较成功的人问。除了向人提问外，也可以在互联网和相关书籍中寻找答案。

工具与方法

工具介绍

寻找方法的 4 步提问

寻找方法时可以按照 4 个步骤实施提问。

第 1 步，分析当前情况，找到当前的问题所在。

第 2 步，找到最佳实践案例，找到做得比较好的人和事。

第 3 步，进行经验汲取，在做得比较好的人和事上总结经验。

第 4 步，形成工具方法，将经验总结成可复制的工具或可实施的方法论。

寻找方法的 4 步提问示例

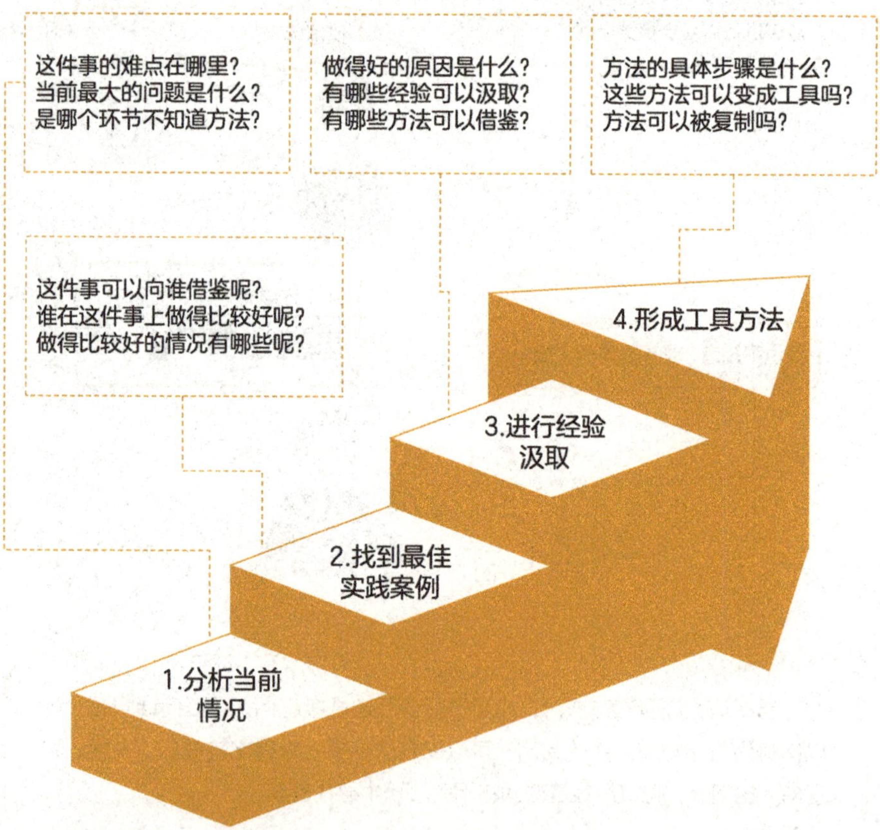
这件事的难点在哪里？
当前最大的问题是什么？
是哪个环节不知道方法？
做得好的原因是什么？
有哪些经验可以汲取？
有哪些方法可以借鉴？
方法的具体步骤是什么？
这些方法可以变成工具吗？
方法可以被复制吗？
这件事可以向谁借鉴呢？
谁在这件事上做得比较好呢？
做得比较好的情况有哪些呢？
4.形成工具方法
3.进行经验汲取
2.找到最佳实践案例
1.分析当前情况

应用解析

找到方法的 4 个步骤

要找到方法，可以先找比较有经验、了解方法的人，问这些人应该怎么做。这些人包括上级、同事或同行。

除了人之外，可以找到这件事做得比较成功的情况，也就是找到最佳实践案例，研究、总结和学习最佳实践案例是怎么做的。

多数领域都有相关的书籍。借助书籍，可以比较系统、全面地学习该领域知识。

通过关键词搜索功能，可以在互联网上检索到很多相关信息。互联网上还有很多问答类网站可以提供针对性参考。

小贴士

高效寻找方法的顺序是“人—事—网—书”，但系统学习知识的顺序则恰好相反。一般来说，书的知识体系比较完善，不一定适合快速检索和解决某个特别具体的问题，但适合作为系统学习的有效工具。

7.4 扩大收益：通过提问争取资源

问题场景

1
我想激发团队的活力，有个给员工定期发小福利的方法很有效，可我没有这方面的经费预算。
2
你可以问问上级，向上级申请经费支持啊。
3
可是现在部门经费紧张，我感觉上级不会批的。
4
你都没试过怎么知道上级不会批呢？
5
兄弟团队的主管向上级申请过类似的经费，上级没同意。
6
申请资源要讲究方式方法，如果投入某种资源能给团队带来某种收益，上级怎么会不批呢？

问题拆解

向上级争取资源时，不能只是一味索取，要让上级感受到提供资源后能获得的好处；或者假如不提供资源，可能有哪些坏处。如果提供资源的预期好处收益或不提供资源的预期坏处成本大于资源的付出成本，争取资源成功的概率就会变大。

工具与方法

工具介绍

争取资源的 4 步提问

向上级争取资源前，可以按照 4 个步骤提出问题。

第 1 步，盘点当前的资源需求，明确具体是哪里缺少资源。

第 2 步，聚焦资源的缺口，明确缺少资源的具体数据。

第 3 步，探究资源的补充或替代方式，明确如何补足资源。

第 4 步，进行缺少资源的利弊分析，明确补足资源的紧迫性。

争取资源的 4 步提问示例

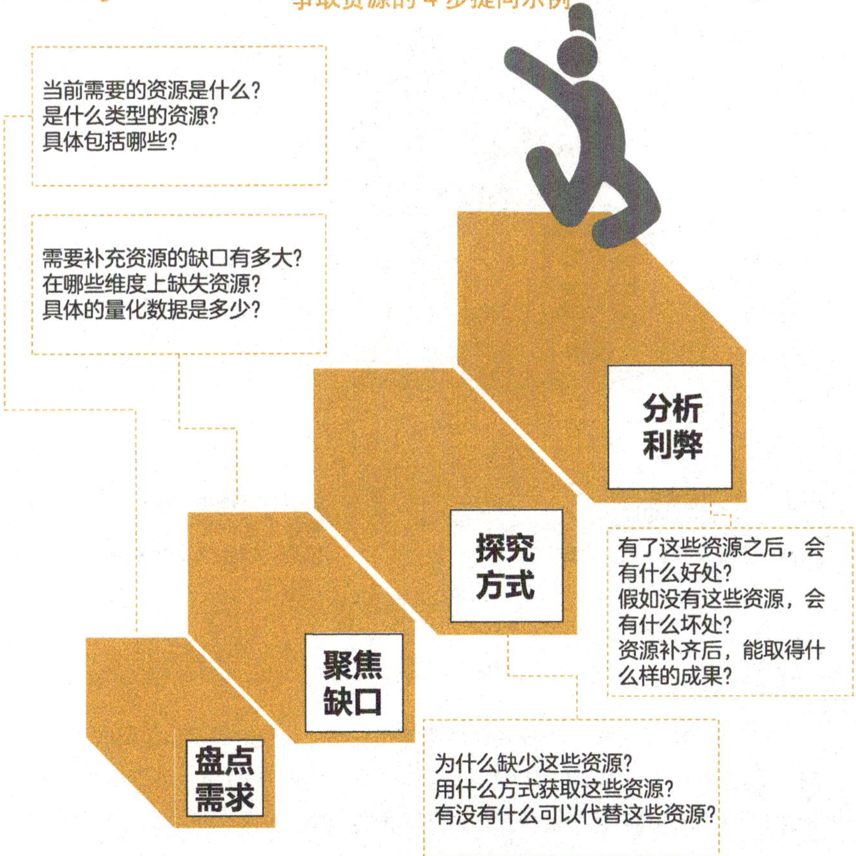

当前需要的资源是什么？
是什么类型的资源？
具体包括哪些？
需要补充资源的缺口有多大？
在哪些维度上缺失资源？
具体的量化数据是多少？
盘点需求
聚焦缺口
探究方式
分析利弊
有了这些资源之后，会有什么好处？
假如没有这些资源，会有什么坏处？
资源补齐后，能取得什么样的成果？
为什么缺少这些资源？
用什么方式获取这些资源？
有没有什么可以代替这些资源？

应用解析

盘点 4 类资源的问题

需要什么样的人才支持？
需要多少人完成？
什么样的团队适合完成？

需要什么样的设备支持？
需要用到哪些道具？
这些设备足够吗？

需要什么样的技术支持？
当前技术的掌握情况如何？
可以通过什么方式补充技术缺口？

需要多少资金支持？
财务上还有多少缺口？
最高的资金需求是多少？

小贴士

向上级争取资源前，首先要盘点资源，明确当前缺少的具体是哪些资源，缺少的程度如何，需要如何补充。假如申请成功的概率较小，可以将缺少的资源分开申请，先申请主要资源，再申请次要资源。

7.5 提升价值：通过提问拿到授权

问题场景

1
我的上级习惯亲力亲为，不愿授权给我做，造成很多工作我从来没机会接触，成长受限，他应该是不信任我吧。
2
你平时的工作表现如何呢？
3
我一直是团队里态度、能力和绩效最好的，每次年终奖金也是最高的。
4
那大概率不是因为他不信任你，而是他还不习惯放权。
5
这个问题是不是没法解决了呢？
6
别灰心，你可以通过提问帮助上级发现放权的重要性，引导上级对自己授权。

问题拆解

当自身工作比较出色，但上级不愿做工作授权时，原因不一定是上级不信任自己，还可能是上级没有意识到授权的重要性，没有养成授权的习惯。这时可以通过提问帮助上级认识到授权的好处，引导上级授权。

工具与方法

工具介绍

引导上级授权的 4 类提问

通过向上级提问，可以引导上级做出授权，提问的方式可以有 4 类。

第 1 类是从让工作做得更好的角度出发。

第 2 类是从让工作用时更少的角度出发。

第 3 类是从让工作成本更低的角度出发。

第 4 类是从让员工获得成长的角度出发。

引导上级授权的 4 类提问示例

您比较忙，主要精力也在另一项工作上。我恰好对这方面比较有研究，之前也有经验，如果我来做这项工作，会不会做得更好呢？

咱们现在这项工作要用比较长的时间。如果您把这项工作授权给我，可以提高决策效率，会不会让工作用时更少、效率更高呢？

我最近一直在学习这方面的知识和技能，您如果把这项工作授权给我做，会不会让我获得更快的成长，从而更好地实现绩效目标呢？

您看这项工作现在整体的成本较高，也耗费了您不少精力，如果我来做，会不会让成本更低呢？

应用解析

授权的 4 个层级

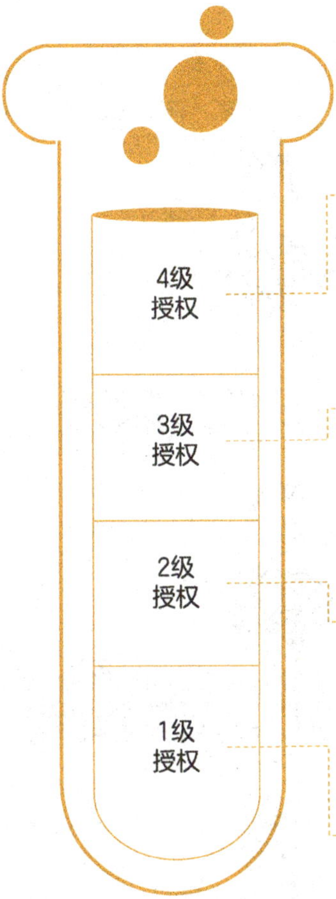

最高级授权，结果性授权。
将工作内容和责任全部授权给下属，下属接受授权后直接行动，定期汇报，汇报周期一般为每周或每月。

较低级授权，指导性授权。
工作授权给下属后，下属需要较频繁地汇报工作进展情况，汇报周期一般为每天。

低级授权，培养性授权。
下属每次行使职权时，可自行制定行动方案，但需要征得上级同意再行动。

最低级授权，命令性授权。
下属等待上级命令，一次只接受上级在一件事上的授权，且授权时间很短，事情完成后授权结束。

小贴士

授权不代表放任不管。很多管理者认为授权就是把工作完全交给对方，正是这种误解让很多管理者不敢授权。实际上，工作授权可以分成不同层级。针对授权的提问，不仅可以问“这项工作可不可以授权”，还可以问“这项工作可以授权到什么层级”。

7.6 扬长避短：汇报工作如何提问

问题场景

1
很多次我向上级汇报完工作后都没有下文了，也不知道接下来该做什么。
2
上级不说，你可以主动问啊。
3
问我接下来该做什么吗？这样不会让上级觉得我没有主见，或者觉得我平时的工作量不够吗?
4
是你想多了，再说也不是让你傻傻地问自己该做什么啊。
5
那我该问什么呢?
6
可以在汇报工作时，通过提问和上级探讨工作，例如可以问自己的工作还有哪些不足，可以在哪些方面改进。

问题拆解

在汇报工作的场景下遇到问题时，同样可以向上级提问。工作汇报时向上级提问的方式有很多，并非只有问自己接下来该做什么这一种。通过提问，可以更多地发掘出上级的评价，聚焦接下来的工作重点。

工具与方法

工具介绍

汇报工作向上提问的 4 个维度

汇报工作时，可以从 4 个维度向上提问，分别是优点、问题、改进和时间。

在优点的维度，可以明确自己的工作有哪些做得好的地方。

在问题的维度，可以明确目前自己在工作上还有哪些问题。

在改进的维度，可以明确当前工作有哪些需要改进的地方。

在时间的维度，可以明确下次汇报可以约在什么时间。

汇报工作向上提问的 4 个维度示例

您认为我当前的工作哪里做得还不错？具体好在哪里？这些做得好的部分未来还可以继续这么做吗？

您觉得我当前的工作哪里存在问题？哪些是做得不好的地方呢？当前的不好有什么影响？

您看下次汇报的时间安排在什么时候合适？改进计划中的每项工作后需不需要跟您做阶段性汇报？

您认为我的工作哪里值得改进呢？您认为我应该如何改进呢？如何制定改进计划？具体要做什么呢？

应用解析

汇报提问的 4 大禁忌

如果没有问题，就不要强行提问，不必非要提出一大堆无关的问题，这样做容易引起上级的反感。

对优点的提问是为了明确自己好的方面，帮助自己提高，不要让上级觉得自己是通过提问强调自己哪里做得好。

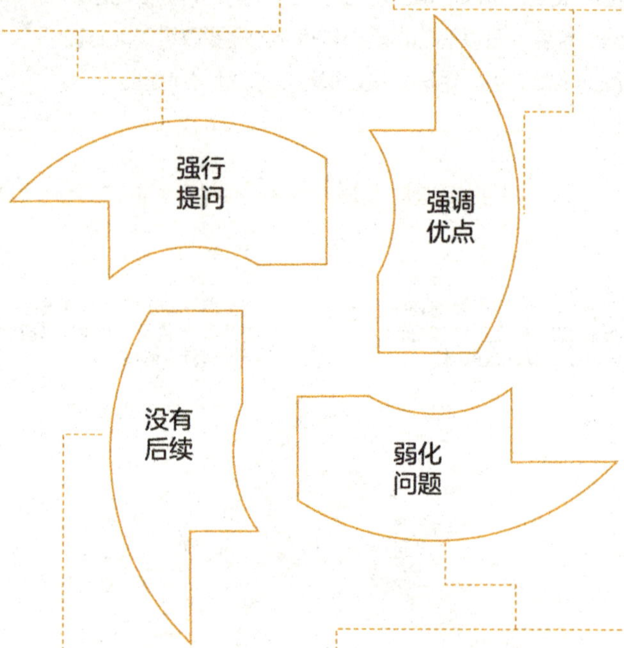

发现问题，形成计划，实施改进行动后，应当在下次汇报时主动将改进的过程和结果向上级汇报。

不要担心问了自身的不足之后，上级会认为自己工作做得不到位。实际上，主动和上级一起发现自己的问题，反而会让上级更器重自己。

小贴士

汇报提问的本质是请上级对自身工作做出评价，更清晰地认识自己，发掘自身的优势，了解自身的不足，扬长避短，改进问题，把工作做得越来越出色。如果不能达到这个目的，则没必要为了提问而提问。

7.7 发散思维：激发思路如何提问

问题场景

1
我发现有时候上级的思维也是混乱的，我有时候为了引导上级，也会主动问上级一些问题。
2
非常好，你平时都怎么问的呢？
3
比如，当上级对某个问题没有想法时，我想到一个方法，会问上级“您看这件事这么做行不行”。
4
在这种场合下，问这个问题似乎并不合适，你应该问开放式的问题。
5
为什么我的问题不合适？什么是开放式的问题？
6
开放式问题是让上级自由发挥。你的问题是封闭式问题，是让上级在行和不行之间做选择。

问题拆解

开放式问题是发散的，封闭式问题是聚合的。开放式问题将人们引入更大的思维空间，激发更多的可能性；封闭式问题将人们从发散的思维中拉回具体的选择。当期望上级给自己更多思路时，应当多问开放式问题；当期望上级做出抉择时，应多问封闭式问题。

工具与方法

工具介绍

开放式问题

开放式问题是能够开拓人思路的问题。例如，这件事该如何做？这件事可以有多少种做法呢？与开放式问题对应的是封闭式问题，也就是从不同的选项中选择其一的问题。例如，这么做对不对？这件事好不好？这样可不可以？

在很多场景下，向上级问开放式问题比问封闭式问题更好。

开放式问题的好处

请别人说、自己听是一种礼貌。开放式问题是邀请对方表达，这会让对方感受到被尊重。

开放式问题有助于让谈话继续，能够就一个话题做更深入的研讨，有助于将问题挖掘到一定的深度。

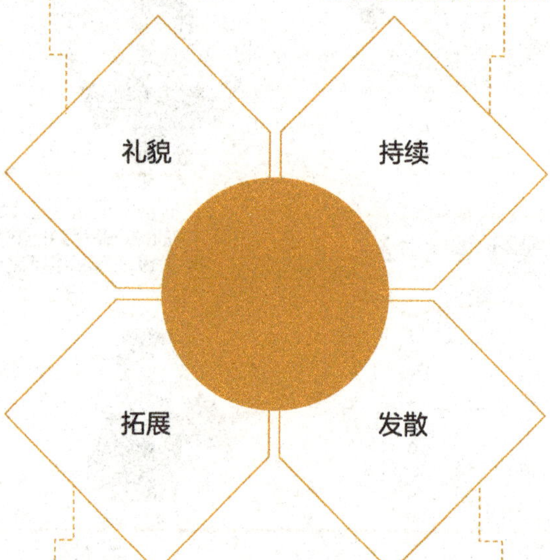

基于开放式的问题，可以获得更多的信息，从而做进一步的拓展，将问题引出的信息扩大化。

开放式问题不设置边界，能让对方自由地表达自己想表达的内容，可能发掘出更多的、有价值的信息。

应用解析

封闭式问题 vs 开放式问题

封闭式问题
这件事是不是应该这样做？
这个问题这样回答对还是不对呢？
我该不该选择这个方案呢？
开放式问题
这件事应该怎么做更好呢？
这个问题如何回答最能激发人们的创造力呢？
什么样的方案更有助于实现目标呢？

小贴士

强调应当多问开放式问题，并不代表封闭式问题一定不好。在有些需要对方做出决断的场合，封闭式问题是更好的选择。例如当上级对某个事项悬而未决、迟迟给不出最终意见的时候，可以用封闭式问题。

08

对症下药：不同场景下如何提问

本章背景

1
提问真的是太神奇了，我以前觉得提问很简单，张口就能问，现在才知道原来没有那么简单。
2
提问是一种沟通方式，既然是沟通，就会有方法、有技巧。
3
我越来越发现，适时用提问的方式沟通，比只会用陈述的方式沟通效果更好。
4
确实如此，提问可以让沟通出彩，有助于取得更好的沟通效果。
5
太感谢您了，让我知道了那么多提问的场景和方法。
6
除了前面说的应用场景外，提问其实还可以应用于很多其他的场景。在这些场景下也要掌握正确提问的方法。

背景介绍

提问的应用是无处不在的，提问能够让沟通更顺畅。在一些场景下，提问比陈述更能达到沟通目的。除了前文提到的场景外，可以高频应用提问的领域还包括见面寒暄、表达关怀、求职面试、人才选拔、汲取经验、拜访客户、主持采访等。

8.1 增进友谊：见面寒暄如何提问

问题场景

1
我一直不知道跟朋友或同事见面时该聊些什么。
2
你现在一般都聊什么呢？
3
我一般都是问对方一句“吃了吗”，对方应答后，就会陷入很尴尬的局面。
4
这种开场也太不走心了，而且没有后续的交流，听起来确实很尴尬。
5
那我寒暄时该说什么呢？
6
你可以问对方问题啊，这样聊天不会尴尬，对方还乐于回答。

问题拆解

陈述句是表达自己想表达的信息，而疑问句是为了了解对方的信息。提问不仅会让对方感受到被尊重，而且还能引出很多其他信息。所以在对话中加入提问，能有效打破沉默，迅速开启一段对话。

工具与方法

工具介绍

寒暄提问的 4 个维度

寒暄时，提问可以迅速打破沉默和僵局，达到有效破冰的目的。

寒暄过程中的提问可以包括 4 个维度，分别是生活、家庭、健康和发展。

寒暄提问的 4 个维度详解

与生活相关的问题，可以包括兴趣、休闲、吃穿等角度。
与家庭成员相关的问题，可以包括父母、子女、伴侣等角度。
生活
家庭
发展
健康
与职业或事业发展相关的问题，可以包括事业发展、职业规划、工作情况、学习深造等角度。
与个人、家人、朋友的身体健康相关的问题，可以包括体检、健身等角度。

应用解析

寒暄提问的 4 个维度案例

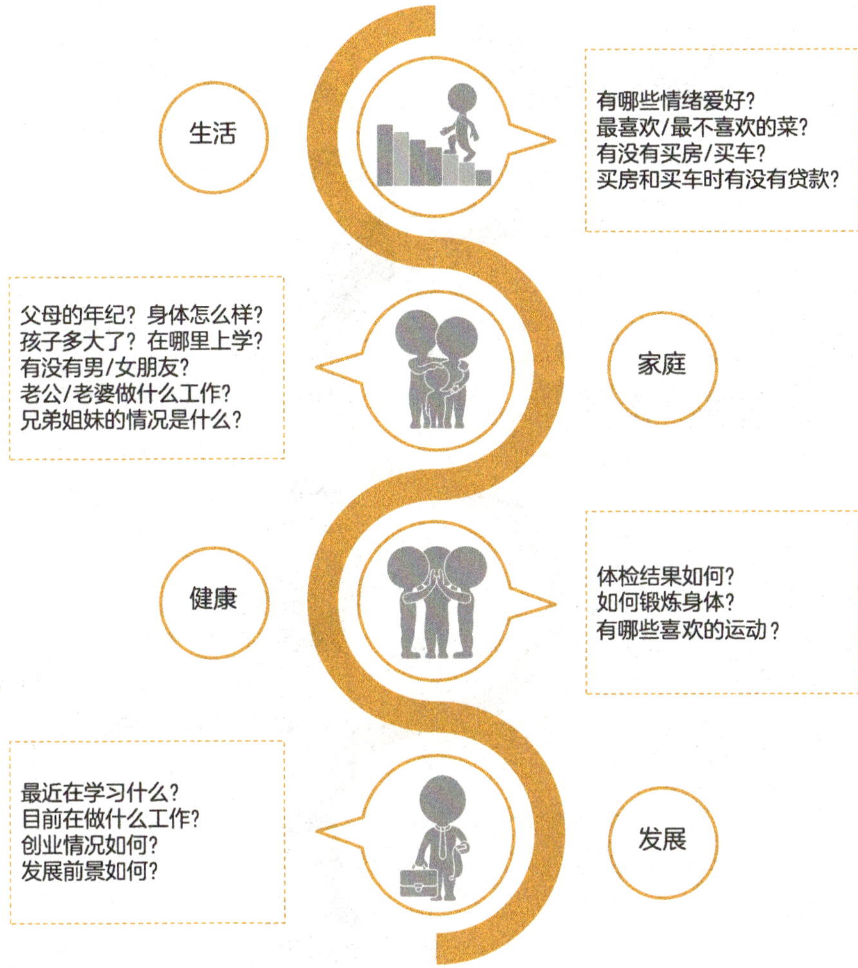
生活
有哪些情绪爱好？
最喜欢/最不喜欢的菜？
有没有买房/买车？
买房和买车时有没有贷款？
家庭
父母的年纪？身体怎么样？
孩子多大了？在哪里上学？
有没有男/女朋友？
老公/老婆做什么工作？
兄弟姐妹的情况是什么？
健康
体检结果如何？
如何锻炼身体？
有哪些喜欢的运动？
发展
最近在学习什么？
目前在做什么工作？
创业情况如何？
发展前景如何？

小贴士

寒暄提问的目的是拉近双方之间的感情，所以在实施寒暄提问时要注意双方当前的关系和提问的尺度，不然会让对方觉得被侵犯隐私而感到被冒犯。另外，要注意提问的语气和节奏，不然会让对方有种自己在被“审问”的感觉。

8.2 传达善意：表达关怀如何提问

问题场景

1
其实我心里很关心同事，但我平时不太喜欢说话，不知道该怎么让同事感受到我的关心。
2
闷在自己心里的事情，别人怎么能感受到呢？要表达出来，别人才会知道。
3
怎么表达呢？总不能直接告诉同事“我很关心你们吧”。
4
这样直接表达也太奇怪了，你可以用提问让对方感受到你的关怀。
5
提问？怎么提问？
6
你可以通过提问，了解对方的衣食住行等情况。

问题拆解

提问在表达关怀的沟通场景中非常重要。表达关怀时的提问看似漫不经心，却可以让对方感受到提问者想了解自己的情况，感觉自己被对方关注和看到。

工具与方法

工具介绍

关怀提问的 5 个维度

通过提问了解对方的情况，能让对方感受到自己被关心，是沟通中表达关怀的有效方式。表达关怀的提问可以有 5 个维度，分别是衣、食、住、行、工。

关怀提问的 5 个维度详解

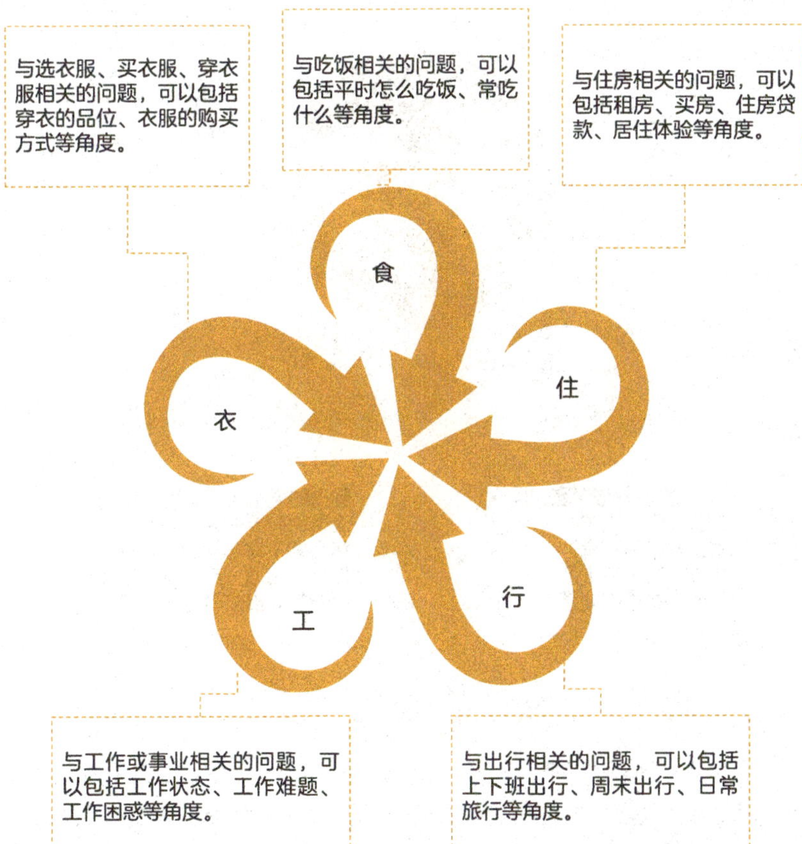
与选衣服、买衣服、穿衣服相关的问题，可以包括穿衣的品位、衣服的购买方式等角度。
与吃饭相关的问题，可以包括平时怎么吃饭、常吃什么等角度。
与住房相关的问题，可以包括租房、买房、住房贷款、居住体验等角度。
食
衣
住
工
行
与工作或事业相关的问题，可以包括工作状态、工作难题、工作困惑等角度。
与出行相关的问题，可以包括上下班出行、周末出行、日常旅行等角度。

应用解析

关怀提问的 5 个维度案例

看天气预报了吗？明天要降温了，记得多穿些衣服，当心着凉。
你穿衣服真有品位，你的衣服都是从哪里买的？
听说某地衣服最近在搞促销活动，那里的衣服很适合你，你可以去看看。

吃过饭了吗？
饭菜的口味怎么样？
你最近瘦了，是不是饮食不规律？
你每天晚上回家自己做饭吗？

你住在哪里？
房子是租的还是买的？
每月的租金是多少？
每月的房贷是多少？
居住的环境怎么样？
你家离公司远不远？

对工作有什么感受？
对工作哪里满意？
对工作哪里不满？
工作上有没有难题？
工作中有没有疑惑？

你平时怎么上下班？
上班时间要多久？
路上堵不堵车？
你平时和谁一起上下班？
你偶尔会出去旅行吗？

小贴士

很多人认为表达关怀会显得自己很啰唆。实际上，这种感觉是因为提问的节奏过快、过细，或者在某些环节触碰到了对方的隐私。实施关怀提问时要注意节奏，问得太多、太密，会给人一种“查户口”的感觉。

8.3 临门一脚：求职面试如何提问

问题场景

1
我弟弟前一阵子去面试，他说前面他回答得都不错，不知道是不是最后面试官问他有没有问题要问的环节出了问题。
2
他问的是什么问题？
3
他问那家公司20年后准备做到多大规模。
4
这个问题确实很不合适。
NO!
5
为什么？这样不会显得他高瞻远瞩、关心公司未来发展吗？
6
也可能会显得他好高骛远，而且他问了一个面试官没办法回答、也不想回答的问题，大概率会引起面试官的反感。

问题拆解

求职面试时，面试官可能会询问求职者有没有问题要问。这时候应谨慎提问，最好提前准备几个优质问题。如果问出的问题质量比较低，可能会让面试官对求职者产生不好的印象，让求职者与岗位失之交臂。

工具与方法

工具介绍

求职面试提问

求职面试时，适合问面试官 4 类问题，分别是拉近关系类问题、了解岗位类问题、职业发展类问题和文化氛围类问题。

通过拉近关系类问题，打破隔阂，达到破冰的效果；通过了解岗位类问题，对岗位形成全面认知；通过职业发展类问题，让面试官觉得求职者积极、好学、上进；通过文化氛围类问题，提前了解上岗后可能面临的环境状态。

求职面试适合问的 4 类问题

请问您在咱们公司工作多久了？
请问您当初为什么选择咱们公司？
请问您觉得咱们公司哪里比较好？
请问您觉得公司哪里还需改进？

请问咱们公司是如何定义这个岗位的？
请问我上岗后最需要解决的问题是什么？
请问我未来团队的情况是怎么样的？
请问公司期望我在岗位上贡献的最大价值是什么？

请问被咱们公司认可的员工是什么状态？
请问咱们公司企业文化的关键词是什么？
请问咱们公司价值观的关键词是什么？
请问我的上级平时有什么样的工作习惯？

请问咱们公司会提供培训或学习的机会吗？
请问这个岗位的职业发展路径是什么？
请问在岗位上做出什么成绩可以获得晋升？
请问您对我未来3年职业规划的建议是什么呢？

应用解析

求职面试最不该问的 5 类问题

多数公司都有官方网站，就算没有官方网站，很多公司也会在发布岗位信息的平台上介绍公司信息。应当在求职面试前了解这些信息，如果没有了解，说明没提前做功课。

就算真的想了解别的岗位，也应在入职后再侧面了解。面试本身有目标岗位，如果在面试时了解别的岗位的情况，可能会给面试官留下不好的印象。

想了解公司的长远发展本身不是坏事，但面试时问这类问题可能会给面试官留下好高骛远的印象。应当表现出自己期望了解岗位的具体工作，想踏实做好岗位工作。

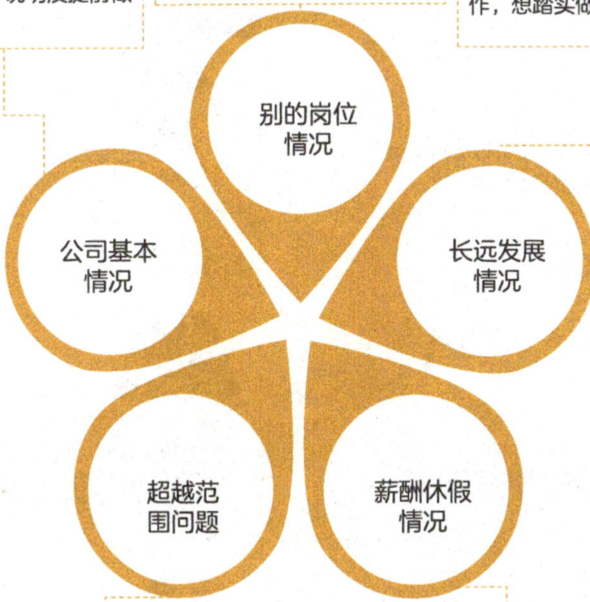

求职面试的提问对象是面试官，应当问在面试官能力范围内且面试官乐于回答的问题。不要问那些面试官不知道如何回答的问题，这会让面试场面变得尴尬。

工资、福利、补助、加班、休假等相关问题不是不能问，而是不适合在面试出结果之前问。等公司有初步录用意向时再问也不迟。

小贴士

高质量的求职面试提问是加分项，低质量的求职面试提问是减分项。如果面试时一时不知道该问什么，还不如干脆不问。

8.4 测评识人：人才选拔如何提问

问题场景

1
我当面试官的时候，最头疼的就是问问题，不知道该如何提问。
2
你平时做面试官都是怎么提问的呢？
3
我一般都是问对方觉得自己能不能胜任岗位之类的问题。
4
我估计你问出这个问题之后，得到的回答应该只有一种，那就是“能”吧……
5
是的，我常常问着问着就陷入一种尴尬的局面。
6
选拔人才时，应当多问人才曾经做出的成绩以及具体是如何做到的，从而判断人才的能力。

问题拆解

选拔人才时，应当多问开放式问题，少问封闭式问题。类似“你有没有能力”“你能不能胜任”“你在这方面有没有经验”这类问题得到的回答都将会是肯定的。选拔人才的问题应聚焦于人才曾经的行为上，通过人才曾经的行为判断人才具备的能力。

工具与方法

工具介绍

人才选拔的 6 类问题

在选拔人才时，比较经典的问题有 6 类，分别是导入类问题、动机类问题、行为类问题、应变类问题、压力类问题和情境类问题。

通过导入类问题，和人才寒暄，把人才带入面试的情境。

通过动机类问题，了解人才的意愿。

通过行为类问题，了解人才过去的工作表现情况，从而判断人才和岗位的契合程度。

通过应变类问题，了解人才的反应速度及应变能力。

通过压力类问题，了解人才在面临压力的环境下的表现。

通过情境类问题，判断人才在实际工作中可能会出现的行为。

人才选拔的 6 类问题详解

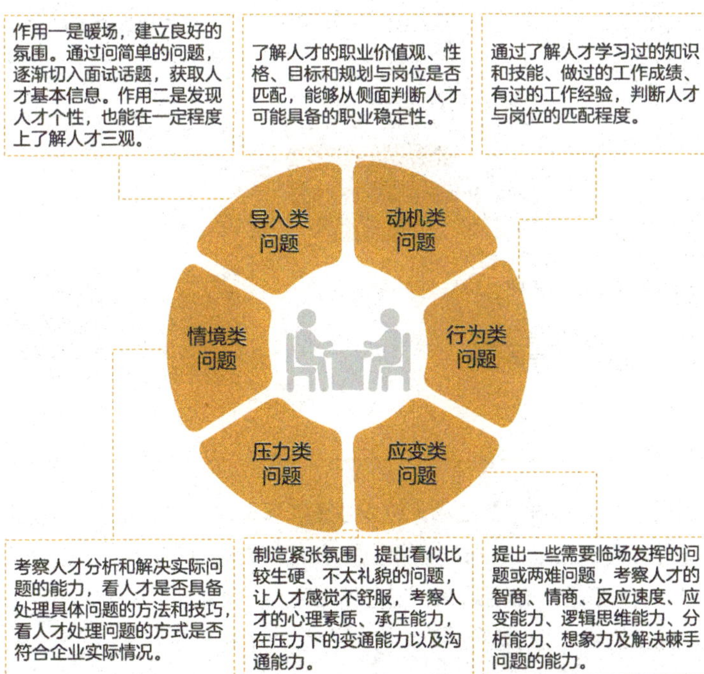
作用一是暖场，建立良好的氛围。通过问简单的问题，逐渐切入面试话题，获取人才基本信息。作用二是发现人才个性，也能在一定程度上了解人才三观。
了解人才的职业价值观、性格、目标和规划与岗位是否匹配，能够从侧面判断人才可能具备的职业稳定性。
通过了解人才学习过的知识和技能、做过的工作成绩、有过的工作经验，判断人才与岗位的匹配程度。
导入类问题
动机类问题
情境类问题
行为类问题
压力类问题
应变类问题
考察人才分析和解决实际问题的能力，看人才是否具备处理具体问题的方法和技巧，看人才处理问题的方式是否符合企业实际情况。
制造紧张氛围，提出看似比较生硬、不太礼貌的问题，让人才感觉不舒服，考察人才的心理素质、承压能力，在压力下的变通能力以及沟通能力。
提出一些需要临场发挥的问题或两难问题，考察人才的智商、情商、反应速度、应变能力、逻辑思维能力、分析能力、想象力及解决棘手问题的能力。

应用解析

人才选拔的 6 类问题案例

如果要找出3个关键词来描述自己，你会选择什么关键词？为什么？
你为什么选择这个专业？你最喜欢/讨厌的课程是什么？

你为什么会选择这个岗位？为什么不选择xx岗位呢？
你在职业/事业上最崇拜的人是谁？最崇拜他哪一点？
你觉得自己5年后会是什么样子？

如果上岗后你发现要推行的工作你的直属上级不认可，你会怎么办？
假如你的同级部门不配合你的工作，你会怎么办？

你人生中做过最有意义的一件事是什么？为什么？
请谈一下你最近一次工作出现失误的经历。面对这次失误，你后续都做了什么？

从你的简历和刚才的描述来看，你似乎并不适合这份工作，你认为呢？
你之前从来没做过相关工作，我怎么能相信你入职后能做出业绩呢？

假如有一个岛与世隔绝，这个岛上的人不习惯穿鞋，你会怎么把鞋卖给这个岛上的人？
为什么镜子中的影像是左右颠倒而不是上下颠倒的？

小贴士

运用压力类问题时要注意，给人才施加压力是考察手段，而不是目的，不要让整场面试最终以人才对公司抱有怨恨而结束。即使人才的心理承受能力不能与岗位匹配，最后败在了压力类问题上，面试最后也要完美收场，并对之前给出的压力进行解释。

8.5 复制成功：汲取经验如何提问

问题场景

1
我们公司有个销售高手，不仅业绩好，而且服务好，客户都对他很满意。通过提问，应该可以汲取这个高手的经验吧？
2
确实可以，不过你准备怎么问呢？
3
我就直接问他为什么销售业绩这么好就行了呗。
4
直接这么问也许很难得出精准的回答，他可能会说是因为“诚信”“勤奋”这类品质。这样的结论应该也很难在公司推广吧？
5
是呀，那我应该怎么问呢？
6
你可以问得更细致一些，发掘出那些可复制、可实施、有助于提升销售业绩的具体行为。

问题拆解

汲取经验的问题不应是大而全的，应当将大问题拆分、细化到某个具体场景，问问他们是如何解决某类具体事项的。泛泛的问题并不能有效汲取经验，反而是那些能细化到具体行为的问题能有效汲取经验。

工具与方法

工具介绍

汲取经验的提问

技能和经验能够被提炼、汲取后形成团队内部可复制、可实施的标准化动作。汲取经验可以用访谈的方法，通过向高手提出问题的方式，总结出高手把事情做成功的方法论。

汲取经验的提问有 4 个技巧，分别是拆分问题、聚焦动作、有具体的行为佐证和从多维度上提问。

汲取经验提问的 4 个技巧

如果目标问题较宏大，例如“如何提高销售业绩”，不要直接问目标问题，而应将目标问题拆分成更具体的问题，例如“你拜访新客户时，会怎么做”。

汲取的经验不应是品格、价值观、理念等思想上的、比较抽象的概念，而要落实到具体的行为动作，要追问到更细的颗粒度，把能力细化到最小的动作，做到普通人也能复制。

汲取高手经验时，不能只对高手提问，还要向与高手相关的周围人提问。为了让提问更有效，提问的人越多越好，最好能实施360度提问。

总结出的具体行为和动作要有多次事件或对比为佐证，例如得出“每天打100个陌生客户拜访电话有助于增加新用户”的结论，要有多次这样做后确实能增加新用户的数据，并将其与没这样做的情况进行对比。

应用解析

汲取高手经验要问的 5 类人

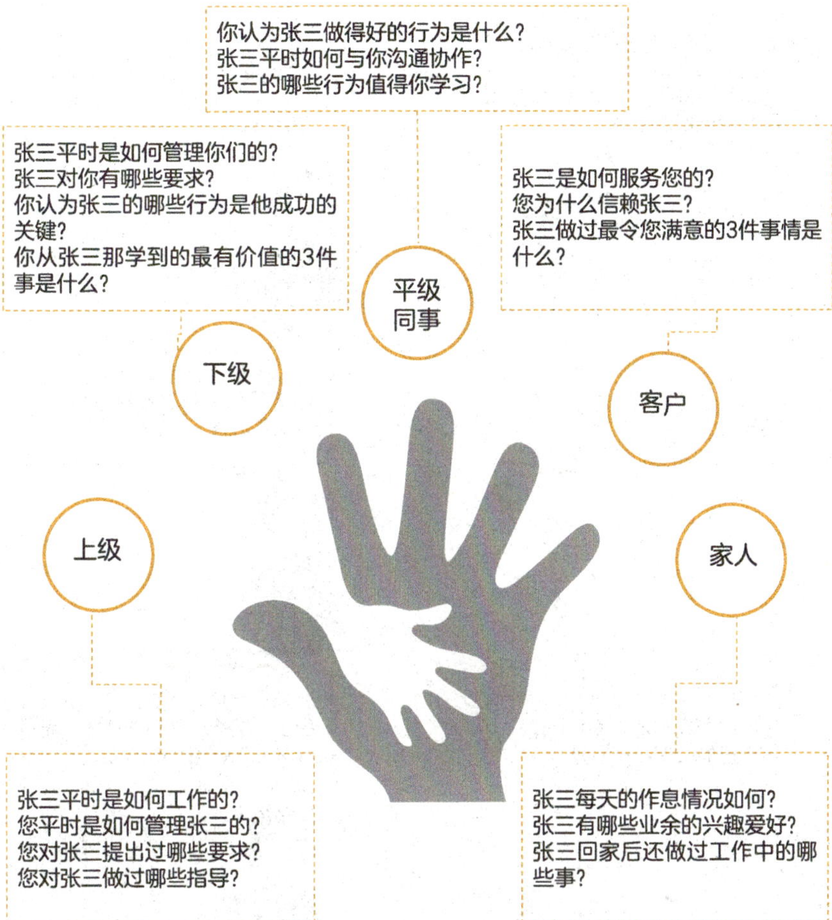
你认为张三做得好的行为是什么？
张三平时如何与你沟通协作？
张三的哪些行为值得你学习？
平级同事
张三平时是如何管理你们的？
张三对你有哪些要求？
你认为张三的哪些行为是他成功的关键？
你从张三那学到的最有价值的3件事是什么？
下级
张三是如何服务您的？
您为什么信赖张三？
张三做过最令您满意的3件事情是什么？
客户
上级
张三平时是如何工作的？
您平时是如何管理张三的？
您对张三提出过哪些要求？
您对张三做过哪些指导？
家人
张三每天的作息情况如何？
张三有哪些业余的兴趣爱好？
张三回家后还做过工作中的哪些事？

小贴士

汲取经验时，除了访谈高手本人外，更要访谈高手身边的人，还原高手生活和工作的全链条。不是每个人都具备较强的自我认知，高手往往并不能完全意识到自己到底好在哪里，通过对高手身边人全方位地访谈，能够更全面地总结和认识高手做得好的原因。

8.6 促成交易：拜访客户如何提问

问题场景

1
我有一次和销售部门的新同事一起去拜访客户，发现这个新同事和客户聊得很尴尬，我也不知道该怎么帮他。
2
拜访客户时，也可以多提问呀。可以通过提问引导客户进行表达。
3
问什么呢？
4
可以问客户的需求，问客户的经费预算，也可以问客户的采购决策流程。
5
跟客户沟通不是应该多介绍一下自己的公司和产品吗？
6
介绍当然是需要的，但一味介绍自己的情况是陈述思维，而非提问挖掘信息的思维。
……

问题拆解

拜访客户时，提问比陈述更重要。提问是挖掘出客户需要什么、想要什么，而陈述是告诉客户自己有什么。高质量的提问不仅能让客户感受到自己被尊重，而且能够精准发掘客户的需求，从而更好地促成交易。

工具与方法

工具介绍

拜访客户可以提问的 5 个维度

拜访客户时，可以从 5 个维度提问。

可以询问客户的主营业务，从整体上了解客户。

可以询问客户的当前需求，从而发现客户需要什么、想要什么。

可以询问自己竞争对手的动态，了解竞争对手有没有接触过客户，给出了什么条件。

可以询问客户的预算和经费情况，了解客户的购买能力。

可以询问客户的决策流程，掌握客户的权限划分和关键决策人。

拜访客户可以提问的 5 个维度详解

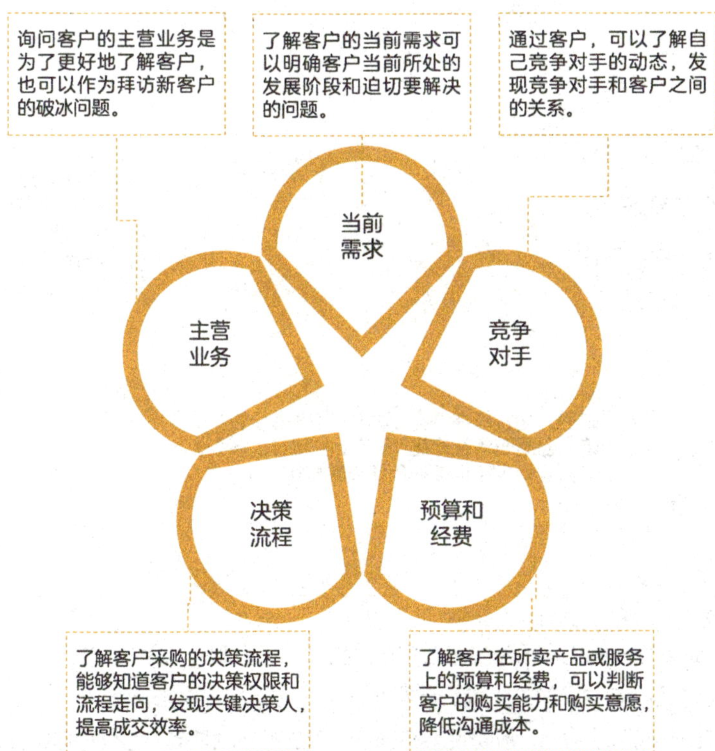
询问客户的主营业务是为了更好地了解客户，也可以作为拜访新客户的破冰问题。
了解客户的当前需求可以明确客户当前所处的发展阶段和迫切要解决的问题。
通过客户，可以了解自己竞争对手的动态，发现竞争对手和客户之间的关系。
当前需求
主营业务
竞争对手
决策流程
预算和经费
了解客户采购的决策流程，能够知道客户的决策权限和流程走向，发现关键决策人，提高成交效率。
了解客户在所卖产品或服务上的预算和经费，可以判断客户的购买能力和购买意愿，降低沟通成本。

应用解析

拜访客户可以提问的 5 个维度案例

咱们公司的业务范围主要是什么？
咱们主要生产何种产品？提供何种服务？
咱们的客户主要是谁？

咱们公司当前处于什么阶段？
咱们最需要解决的问题是什么？
咱们有哪些需求是希望我们解决的？

咱们公司的决策流程是什么？
采购流程中都需要谁审批？
谁在采购上拥有最终决策权？

咱们当前这块产品/服务是谁提供的？
之前有没有竞业公司找过咱们？
咱们选择/不选择竞业公司的理由是什么？

咱们公司去年在产品/服务上花了多少钱？
咱们公司明年在产品/服务上的预算是多少？
咱们公司今年相关的预算还剩多少？

小贴士

拜访客户的根本目的是与客户达成交易，或者建立长期稳定的合作关系，提问是促成这一目的的手段。询问客户问题时，要注意态度和语气，注意不要“轰炸式”地连问，应尊重客户，不问客户不愿回答或不方便回答的问题。

8.7 深挖信息：主持采访如何提问

问题场景

1
公司有时候会让我主持节目，在节目中经常要采访嘉宾。每次我都比嘉宾还紧张。
2
你都是怎么提问的呢？
3
就直接问呗，不过总感觉我问完了之后氛围怪怪的，嘉宾回答的积极性不高。
4
也许你可以提前了解一下嘉宾的喜好，先问一些嘉宾乐于回答的问题，点燃嘉宾的情绪。
5
对呀，这个方法好，下次我就这么办。
6
主持采访的提问也有一套方法，掌握这套方法后就驾轻就熟了。

问题拆解

在主持采访中，提问是免不了的沟通方式，但主持采访并非直接提问就可以做好的，还需要一定的方法和技巧。掌握主持采访提问的方法，能够调动起受访嘉宾的情绪，让受访嘉宾更愿意表达，从而挖掘出更多信息。

工具与方法

工具介绍

采访提问

采访提问的方式有很多，根据受访对象和听众的不同，常用的采访提问方式有 5 种，分别是直问、侧问、反问、追问和借问。

采访提问的 5 种方式示例

直问就是直接提问，是最传统的采访提问方式之一。例如可以直接问："我想请教一下您对这个问题的看法是什么？"

例如采访一位未婚女性，想知道她现在有没有男朋友，可以侧问："采访开始前我看你打电话笑得很甜，是在跟男朋友通电话吗？"

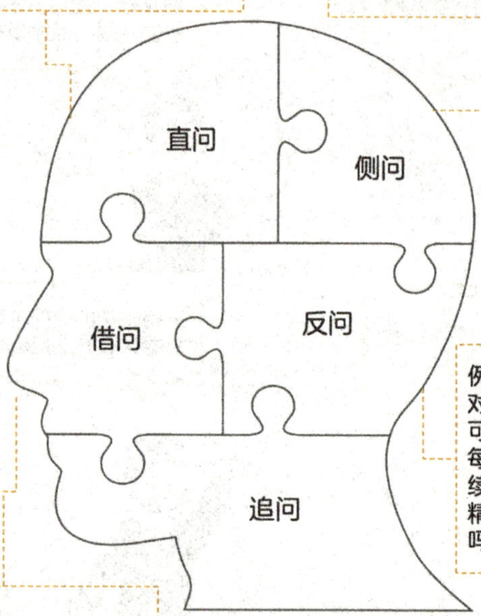

例如当采访对象表达出对某学生的不认可时，可以反问："这位同学每天晚上回家后都要持续学习两个小时，这种精神难道不值得肯定吗？"

例如不方便当面问采访对象某个问题时，可以问："张三刚才跟我说，他对你当前的生活状态很感兴趣，方便透漏一二吗？"

例如采访对象没有把一件事情说明白，可以追问："能不能再请您详细描述一下A部分？""A部分的操作原理是什么呢？""A部分这样设计有什么好处呢？"

应用解析

采访提问的 4 个技巧

营造氛围

正式采访开始前，要营造一个温馨的氛围，让被采访对象卸下心防，愿意吐露心声。这里的氛围不仅包括环境氛围，还包括沟通氛围。

点燃情绪

提前了解采访对象喜爱或厌恶的东西，适当在这两个方面提出问题，激发采访对象的情绪。这一步不一定要在正式采访时进行，也可以在采访开始前进行。

询问细节

多问一些细节更有助于对方表达。例如问：“你们平时怎么相处？”不如问：“你们平时会一起出去买菜吗？会一起做菜吗？你们都会做什么菜？怎么做的？”

筛选问题

提前筛选要问的问题，不要问那些泛泛的、空洞的问题。多问受众普遍关心的问题，增加采访问题的针对性和有效性。

小贴士

主持采访提问的关键并不在于采访进行时的临场发挥，而是在于采访开始前的准备环节。对受访嘉宾了解得越透彻，采访效果往往越好。现场提问时，可以运用多重感官，通过语气、眼神、肢体动作、座位排布等激发受访嘉宾的热情。